超越设计课

园林景观施工图设计实例图解
——景观建筑及小品工程

主　编　朱燕辉
副主编　郭玉京　杨宛迪
参　编　张宛岚　管婕娅　李飒

机械工业出版社

为了解决年轻设计师对园林景观设计施工全流程无从下手的问题，本书以横向广泛、纵向深入的方式涵盖了相关园林景观方案设计及工程施工常识，以列举工程实例的方式对方案设计、施工图设计及施工现场的把控步骤进行了深入浅出的介绍。

本书主要讲解园林景观工程设计中的景观建筑，包括景亭、景廊、景桥、景墙、景观小品、假山和叠石的设计，取材于编者参与的实际设计工程中已按照施工图完成的项目，同时符合国家施工图绘制标准。

本书可以作为初涉园林景观施工图设计者的设计绘制指导用书，对初入职场人员有较大的帮助；同时也可作为具有园林景观设计能力和常识的学生进行方案及施工图深化设计的自学材料。

图书在版编目（CIP）数据

园林景观施工图设计实例图解．景观建筑及小品工程／朱燕辉主编．—北京：机械工业出版社，2018.5（2022.1重印）
（超越设计课）
ISBN 978-7-111-59360-7

Ⅰ．①园… Ⅱ．①朱… Ⅲ．①景观设计—园林设计—工程制图 Ⅳ．① TU986.2

中国版本图书馆 CIP 数据核字（2018）第 045371 号

机械工业出版社（北京市百万庄大街22号　邮政编码100037）
策划编辑：时　颂　责任编辑：时　颂　高凤春
责任校对：张　力　封面设计：鞠　杨
责任印制：常天培
北京市雅迪彩色印刷有限公司印刷
2022年1月第1版第4次印刷
184mm×260mm・10.75 印张・254 千字
标准书号：ISBN 978-7-111-59360-7
定价：75.00元

凡购本书，如有缺页、倒页、脱页，由本社发行部调换

电话服务　　　　　　　　　网络服务
服务咨询热线：010-88361066　机工官网：www.cmpbook.com
读者购书热线：010-68326294　机工官博：weibo.com/cmp1952
　　　　　　　010-88379203　金　书　网：www.golden-book.com
封面无防伪标均为盗版　　　　教育服务网：www.cmpedu.com

序一 Forword

　　本书主编朱燕辉的团队是一支踏实肯干、工作细致、有责任心、有担当的园林景观青年设计团队，是园林景观行业的中坚力量。其所在公司是以建筑设计为主营业务的中国建筑设计院有限公司，这样的工作环境给了他们一个不同的工作视角。主编朱燕辉在工作的前几年怀着园林设计师的梦想与热忱投身到园林景观的设计创作建设中，然而在建筑设计院的环境影响下，她首先接触的不是大山大水的园林景观工程，而是建筑周边的环境设计。对象不同，尺度不同，工作内容需要设计师了解园林景观行业之外更多的其他专业知识，工程设计与表达乃至实施流程都要求更加细致周全。在2005年，朱燕辉参与了2008年奥运场馆"鸟巢"及周边园林景观的设计与建设。在这三年的设计实践中，她发现了自己在建筑相关设计中存在的不足之处，之后便从零开始了解建筑知识，进一步充实了作为园林景观设计师需要具备的知识结构体系。在实际工作中，她深入建筑与园林施工现场，积累了丰富的现场经验；学会并掌握更多的设计原则，使建筑场地与园林景观更加融洽，这是她在本书中重点体现的内容之一。

　　多年来与建筑行业人士的合作与沟通，让她深感园林景观行业的多元性，不仅是山水情怀的创作，更多的是包容、权衡各种专业间的需求，完成接近设计初衷的设计，回归当代园林景观设计。回首审视求学时期的园林景观设计理论基础专业知识，再结合自己走入社会后多年实践的工程现场经验，她深感仅有课堂知识远不能满足实践的需求。同时行业的发展更需要有超越课堂的媒介，让更多的年轻人不出学校就能感受到行业实实在在的一面。她每年都会接触到初入社会或是工作三两年的年轻工作者，看到了他们很想融入行业而苦于知识体系不完整，设计仅仅停留于纸上的美感，从而制约着他们对园林景观进行合理设计和完美表达。因此，本书主要面向具有一定专业知识的在校学生和步入社会工作三两年的年轻群体。她由衷地希望能帮助他们，分享她在多年工作中的积累，将自己和团队16年来的园林景观工程设计及施工的经验写出来，以图文并茂的形式展示给读者，将枯燥的学习过程转变为一种身临其境的体验。

　　本书以园林景观工程的五大分类作为内容结构框架，直接表述针对园林景观工程的诸多方面，以图文形式讲解枯燥的规范数据，提出"园林景观感知"的学习方法，巧妙地将数据植入视觉感受，这是一种有创意的表达方式。经验分享不仅有文字的表述，更有实际工程案例的列举。在案例中较为全面地贯彻着园林景观的相关规范，设计之初便控制住了规范的落实，施工图的表达与施工现场及建成照片一一对应，相信本书一定会解开很多年轻设计师的工程现场之惑。

　　本书编者面对行业知识结构体系与实践不衔接的教育现状，慷慨地分享了自己的多年经验，为推动行业的发展与进步做出自己的贡献。

张树林

序二 Forword

　　作为15年来一路并肩前行的工作战友，深深感受到了作者在本书中流露出的对景观设计职业的热爱。本书饱含了作者15年来景观设计的成长历程和学识积累，包括目前园林景观设计的各要素，融入了工程实践内容，阐述了如何活学活用现行法律法规，深入浅出地以一个设计师的视角审视在景观设计基础层面会遇到的问题与挑战。在内容编制上，提供了较为综合的学习内容，适合于即将进入景观设计社会工作岗位以及具有二至三年工作经历的年轻设计师。本书为年轻设计师打开了景观设计生涯的一扇窗，让其初探设计的奥妙，体验设计是一门怎样杂糅的学科。然而面对问题，作者也为年轻设计师开启了景观设计全过程了解的启迪之门，这也是更深入了解景观设计的必经之路。本书易读易懂，图文并茂，摈弃一贯的文字黑白图片的形式，图表图片对应文字解释的方式更加清晰，更加简明，易于学习。作为工作伙伴、同行及专业前辈的我，赞赏作者对景观设计事业的执着与尊重，故推荐此书，相信此书会成为年轻设计师的良师益友。

史丽秀

前言 Preface

（一）本书的编写初衷

园林景观行业蓬勃发展、社会需求日益增加以及对品质要求的日益严苛正是社会物质文明发展转向精神文明发展的一面镜子，折射出的是城市发展的重要进程，是城市进步的重要特征。这样的发展对从业者提出了更高标准的行业要求——匠人精神。编者16年来的园林景观设计工程一线从业经历就是园林景观行业从鲜为人知到发展壮大的见证。这16年是从师者从书本教诲到工程自我实践的16年，也是从一无所知、茫然新奇到胸有成竹、偶任授业解惑之职的16年。2015~2017年是行业面临巨大变化的时期，在编者作为主要编制人完成国家"十二五"的科研课题项目园林景观专业国家标准图集的编绘工作之后，自我感觉到是回顾过往、凝练修身、再次整装待发的时候了。同时，编者在近两年的大学院校授课过程中深感院校的学习内容与社会行业需求之间的不平衡。行业的迅速发展致使企业急需能够胜任工程实战的战士，而不是刚出校门还茫茫然的菜鸟。如何让学生与社会工程接轨甚是困难，重要的接轨机会留给了学生自己碰运气式的实习乱闯。因此，总结并记录自己的所学所用为"园林景观施工图设计实例图解"系列（共三册）的编写，以供热衷园林景观行业的学生和刚刚步入职场的年轻设计师观摩学习之用，应该是编者对园林景观行业最为真诚的尊重与热爱的表达了。

（二）本书的内容

一项优秀的园林景观工程建设不仅是自然景观和人文景观的合理保护和融合，而且应该在优美中创造生态的稳定和时代的特色，保证可持续的宜居环境。为了使读者既具备专业知识，又具备初级的实践技能，本系列从园林景观四大元素中的山、水、建筑、植物，以及照明、电气、给水排水专业等方面结合园林景观工程进行分类阐述。本系列共三册，涵盖园林景观工程的五大专项工程。本书为绿化及水电工程，包括园林景观工程设计中的水景、照明、电气及植物景观设计的相关知识。

本书针对不同工程都进行了全流程的解读，包括园林景观方案设计要点、常用规范标准、设计深化方法、图纸表达、施工图绘制方法、工程案例现场图解、施工现场把控方向等几个方面的内容。园林景观项目实施中的方案设计阶段为基础知识的归纳，本书以图文并茂的形式讲述常用规范标准，更加便于设计师的理解与使用；图纸表达部分以实际案例为对象，图纸标注方式阐述绘制理论及设计原理；工程案例现场图解部分是多年的工作总结及案例展示，内容不限于文字的表述，而是以实践工程为对象，结合项目图纸及现场照片记录和展示施工流程，使读者虽未到达过施工现场，但仍能经历和感受工程现场，有助于理解并增加对园林景观工程的兴趣。

（三）本书的特点

本书有以下三大特点：

（1）全面。本书无论从园林景观工程的专项工程来看，还是从每一专项工程的深度表达来看，横向及纵向都有一定的涵盖。本书以工程实例的方式对施工图设计相关步骤进行初步介绍，结构体系突出重点，详略得当，注重知识的融会贯通，突出本书的整合编绘原则。

（2）真实。本书取材于编者16年来的实际设计工程积累，着重讲解从设计到施工图绘制乃至工程施工的实现过程，要求读者具有一定的设计基本知识理论，重在使读者从工程实践中了解设计的实现过程和细节表现。

（3）准确。本书符合国家施工图绘制标准，可作为具有园林景观设计能力和知识的学生进行施工图深化设计自学的材料。本书不仅涵盖了编者的工作经历总结，而且收录了权威的行业规范、条款等内容。本书综合了新的政策、法规、标准、规范以及时下的先进技术，具有较强的针对性和实用性。

（四）本书的读者对象

本书针对的读者涵盖具有一定园林景观专业知识的在校学生，和从事园林景观行业一线工作3~5年的年轻设计师。设计师都想通过图纸的完整表达以及巧匠施工，将自己的园林景观作品呈现于世人面前。然而，多数年轻设计师苦于对设计图及施工图深化表达无从下手而一筹莫展。

本书符合园林景观设计工程实战逻辑，以从设计之初方案深化所需的基本知识以及园林景观常用的法规、规范的使用归纳，到施工图表达，直至施工工程展示的全流程模式，向刚刚涉足园林景观行业的设计师展示园林景观工程的纵观全貌。通过对编者及其所在团队从业16年的经验总结，希望能够给年轻的园林景观设计师以启迪，使他们茅塞顿开，巧用施工图设计，可在落地自己的作品上迈出飞跃的一步。

初入职场的年轻设计师可以本书作为全面梳理园林景观工程实战备战的指导书，从设计到深化表达，再到工程施工图绘制，以及现场施工基础常识储备都会成为对初入职场人员有益的工作指南。

（五）本书的助力

在本书的编写过程中得到编者所在设计团队中国建筑设计院有限公司环境艺术设计院设计团队、行业专家、行业领跑者、行业青年设计师和大量的施工现场人员多方位的大力支持，在此表示感谢。由于编者水平有限，书中难免有疏漏、不妥之处，敬请读者批评指正。

编　者

目录 Content

序一

序二

前言

第一章　景观建筑概述 ············ 1
　　第一节　概念 ············ 1
　　第二节　景观建筑的发展 ············ 3
　　第三节　景观建筑的类型与内涵 ············ 5

第二章　景亭、景廊设计 ············ 10
　　第一节　景亭、景廊概述 ············ 10
　　第二节　景亭、景廊的分类 ············ 12
　　第三节　景亭、景廊设计流程 ············ 17
　　第四节　景亭案例设计流程图解及施工图解 ············ 18
　　第五节　景廊案例设计流程图解及施工图解 ············ 30

第三章　景桥 ············ 62
　　第一节　景桥历史概述 ············ 62
　　第二节　景桥分类 ············ 67
　　第三节　景桥方案设计 ············ 70
　　第四节　景桥设计案例图解 ············ 72

第四章　景墙 ············ 82
　　第一节　景墙的空间形态分类 ············ 82
　　第二节　景墙的功能性分类 ············ 87

第三节　景墙材料及构造做法 ………………………………………………… 89
　　第四节　景墙的做法图解 ……………………………………………………… 100
　　第五节　景墙设计案例图解 …………………………………………………… 109

第五章　管理类景观小品 …………………………………………………………… 121
　　第一节　围墙、围栏、栏杆 …………………………………………………… 121
　　第二节　围墙方案设计深化流程 ……………………………………………… 133
　　第三节　围墙案例构造与施工图解 …………………………………………… 139

第六章　假山、叠石设计 …………………………………………………………… 149
　　第一节　叠山的渊源 …………………………………………………………… 149
　　第二节　叠山之基础概念 ……………………………………………………… 151
　　第三节　假山、叠石设计案例图解 …………………………………………… 160

参考文献 ……………………………………………………………………………… 163

第一章 景观建筑概述

第一节　概　念

　　景观建筑是一个独立的项目，在发展上成为与一般建筑相平行的另一个体系。它的设计目的不仅是配合城市或者建筑的需要，还从属于一定的设计，往往独立、自成一体，纯然另成一种自我的性格。我们这里所指的景观建筑，是生活所必需以外的建筑。曾经有人对景观建筑做过这样的理解："人类建筑有两个目的，其一为生活所必需，其二为娱乐所主动。就我国历史而言，其因形式而分类者，如平屋，乃生活所必需也；如台楼阁亭等，乃娱乐之设备也。其因用途而分类者，如城市宫室等，乃生活所必需也；如苑囿园林，乃娱乐之设备也。"可见景观建筑是为人们提供愉悦之所、休憩之所、观景之所。而亭、榭、廊、阁、轩、楼、台、舫、厅堂等建筑形式（见图1-1），则是反映这些功能的介质。

　　中国现代园林景观离不开中国传统园林的经验，它所追求的是对原始自然的联想，是一种不规则、非对称的、曲线的、起伏和曲折的形状，对自然本来的一种神秘的、本源的、深远和持续的感受。由此引导出来的原则来模塑园林的风格：避免笔直的、一览无遗的园径和视线，无论何处都要使之望之不尽，尽量不致千篇一律；制造假山和起伏的地形，放置石块以及流水。它是游山玩水经验的反映和模拟的创作。当人置身其境时有如在最荒寒的山水画中，差不多常常都有一些人物、茅舍、亭、山径和小桥。建筑与自然之间是没有被分割开来的，这种合而为一是中国传统思想上的伟大成就。景观建筑则是作为点缀在环境中的一部分，往往注重园林所有者的一种情思的表达。

　　再有，中国的绘画和文学与园林建筑的关系是十分密切的，甚至可以说已经融汇成一体。园林景观设计者很多时候在追求文学上所描述的境界，将诗情画意变为具体的现实（见图1-2）。有不少著名的绘画或文学作品描述园林建筑的景色，或者反映景观建筑中所产生的事物。明代画家文徵明就有著名的《拙政园图》，名园的意境创作，成为那个时候的主流。曹雪芹的巨著《红楼梦》，其载体大观园并不是文学家想象出来的空中楼阁，而是当时已经发展起来的园林建筑，一种已经存在的客观事物的反映。如果没有明清时期精湛的景观建筑，文学艺术只能停留在空洞的想象。可想而知，景观建筑在造园活动中是极其重要的组成部分，它是一种由人创造出来的人工环境，寄托着中国人的美学观念和思想情感。

　　当下，作为景观设计师而言，景观建筑还在延续过往的思想和意念，对于美好事物的出发点是完全相同的，很多时候所不同的只不过是手法和形式而已。

图 1-1　主要的景观建筑

图 1-2　园林意境中的传统绘画主题

第二节 景观建筑的发展

景观建筑的发展要从中国传统园林的根源说起。早在周代就有关于灵台、灵沼的记载，它是周文王的御园。这是一个有山有水有建筑物的园林，是经过大规模人工改造的自然景观。园中有鹿有鱼，是一种观赏景观与生产景观共存的园林。那么景观建筑发展的脉络有两方面，其一是独立性质的"园"的设立和演变；其二是宫室住宅园林化的发展，后世形成的景观建筑无疑是从这两方面积累的经验成果。

"园"是随着农业社会的产生出现的，最初并不是专供欣赏、游憩、娱乐之用的，而是一种具有生产性质的果园或是饲养动物的兽园。随着社会的不断发展，园的目的性改变，兼顾生产和游憩的用途，对于王公贵族来说，游玩比生产更为重要。于是园就更多的按照游玩的属性兴建，但生产的目的通常也被保留下来，例如《春夜宴桃李园》就能很好地说明这个问题。基于周文王的这个传统，历代帝王都有御园之设，春秋时期的"章华台"、秦汉时期的"上林苑"都是这一类的皇家园林。在汉武帝的上林苑中加入了政治和军事的内容，仿照昆明的滇池修建了一个昆明池，用于训练水兵，就连清代的乾隆还打算继承这个传统，在昆明湖内进行训练（见图1-3）。自汉代开始出现了不少著名的皇家苑囿，例如汉代的"樊川园"；魏晋洛阳的"芳林园"；北宋汴梁的"艮岳园"等，都是纯粹以"园"作为独立的御园。之后，部分园成为古代人寄托情怀的场所，于是实用的目的就让位给了艺术，因此造园活动中的建筑元素日益丰富起来，园林设计理论也有了一定的发展。直至隋唐以后，亭台阁榭这些建筑普遍地出现在园林之中。

图1-3 乾隆有将昆明湖仿汉武帝的上林苑用作训练海军之意

另一方面，宫室住宅的园林化则是建筑群之外另附一个"苑"或是"园"。它们大部分都是有"宫"与"苑"、"宅"与"园"这两种组合。在皇宫中，"宫"必然是严肃、对称、巍峨的建筑群，强调对称构图；而"苑"则是园林化意境的布局形式，其中的台殿、亭、廊、榭等园林建筑置于其中，它们的规模要远远小于"宫"中的建筑。历代皇宫几乎无一不是采用这种双重性的布局方式，例如汉的未央宫、隋的大兴宫、唐的大明宫（见图1-4）。同时王府以及民宅的"宅"与"园"也是如此。

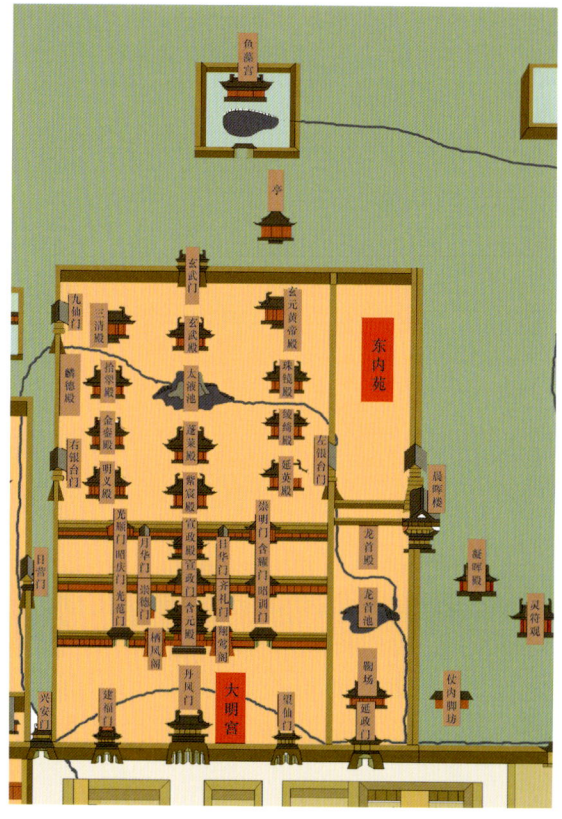

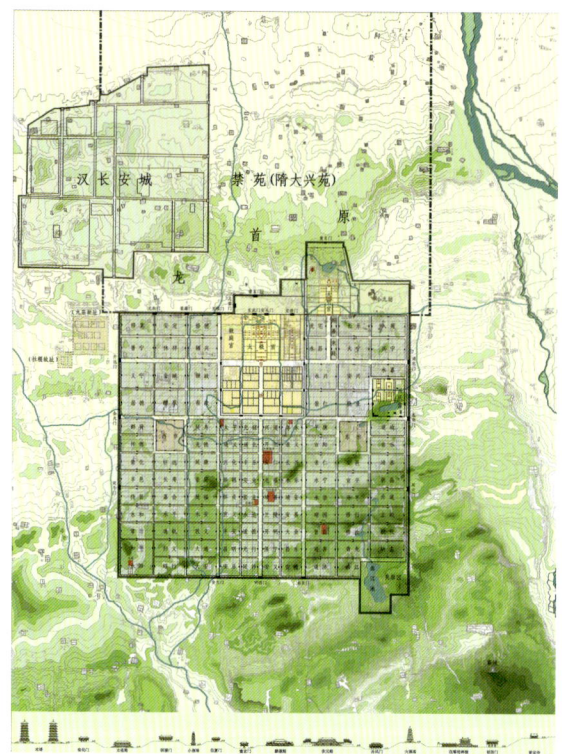

图1-4 唐的大明宫

最为突出和最重要的景观建筑就是明清时期独立的大型园囿的发展。江南园林是这个时代造园之风兴起的一个立足点，出现了诸多经典的作品。明代末期，在实践的基础上，出现了有关园林的理论著作，如计成的《园冶》、李渔的《一家言》等，为清代大规模的造园活动奠定了技术与艺术基础。北京同时也产生了好些著名的私园，如李伟的"清华园"、米万钟的"勺园"、李渔的"半亩园"（见图1-5）等名噪一时。此时在士大夫的心中，园林建筑已是一种可登大雅之堂的艺术作品。康熙和乾隆是清代大型园林的推动者，著名的"三山五园"和"热河行宫"都是始于康熙，完成于乾隆之手。圆明园的建设更是前无古人，是一种大如城市的"园城""万园之园"。整个清代可算是一个景观建筑的时代，除了皇家园林之外，全国各地的官商人的私人园林在"上行下仿"的风气下，有了极大的发展。江南名园更是在明代的基础上，做出更进一步的扩充，重视造园之风整整维持了几个世纪。这种情况表示了在那个时代的人心目中，造园才是人工环境与建筑艺术所能达到的一个最高境界。

图1-5 李渔的"半亩园"

景观建筑发展到了今天，其作用范围之广，如在公园、城市广场、居住区、仿古园林等，凡是与休憩、游览有关的都会有远近景观建筑的出现，甚至是一座悬崖上的观景台，都是它的范畴。新中式、现代中式等风格的出现，使得景观建筑变的多样化，更符合现代人的审美。但追求意境和为人们创造美的世界这一观点始终是不变的。

第三节 景观建筑的类型与内涵

一、景观建筑的类型

传统的园林建筑的类型除却四周的建筑物外就是：围墙、门、格子木作、栏杆、廊、桥、亭、台、榭、舫等，几乎包含了园林中控制空间的元素。或是用于连接主体建筑，或是点景，又或是登高远眺，它们在园林中的表达方式和意义的不同，决定了其功能各不相同。

用作分隔功能的围墙，在形式上比较自由，平面上成曲线或者折线，跨越等高线，在立面上蜿蜒起伏。园中各种形状的门或者门洞，有椭圆形的、圆形的、扇形的以及其他形状，目的是为了构成一个景框，通过这些不同的形状产生不同的景观感受，同时装饰上丰富的格栅，达到若隐若现的氛围。道路和小径都有通花的木栏杆，样式变化无穷。两边开敞或半开敞的廊连接着建筑的一部分,或者在园中迂回起伏。在流动的溪水或者水池上跨越着多种形式的桥。在位于荷池中心的岛中或是小山丘上,平面形状富于变化的亭台榭舫成为一个趣味的中心,同时兼顾休憩、娱乐功能。丰富的景观建筑在造园中构成一幅幅美好的画面,它一定是综合的。而现代景观建筑或是造园的各种细节大概来自北京的颐和园、北海,杭州的西湖以及江南园林。从门头的进入,通过规矩的长廊串联至各个建筑,其中用木格栅进行遮挡,达到虚实结合,或是若隐若现,或是豁然开朗。建筑之后,则是假山、折桥和湖面的结合,创造出自然山水的节奏(见图1-6)。

图 1-6　古典园林与现代中式园林

上述两个时期的作品,都反映了几乎相同的景观建筑类型,并且思想是一致的。我们无非是从形式上传承了前人的经典并加以运用和演变,来创造出新时期的景观建筑。

二、景观建筑的内涵

1. 以水为中心环境观

景观建筑规划曾有"三分水、二分竹、一分屋"的说法,这个比例大概同时基于功能上以及景物上的平衡而来。没有三分水,大概供给不了所有的花草树木灌溉的需要,建筑密度小于或等于16%,这是一种很合理的密度(见图1-7)。

图 1-7　北海公园

那么在景观建筑中最主要的自然元素就是水,一切设计是以水来展开的。有人曾说是因为第一个规模巨大的皇家园林周文王的"灵沼"以后的皇家苑囿就继承了这个传统。如汉未央宫有"龙池",建章宫有"太液池",上林苑有"昆明池",唐大明宫有"太液池"等。其实,这种做法不局限于皇宫,在一般的园林中也是很多人追求的目的。水为重,并不单纯是一种情趣,没有水无法很好地生活,更无法灌溉园林,景观建筑首先围绕水而展开实在是十分合理的选择。当然,现代景观引入灌溉系统,传统的以水为中心,可能变成以草坪、砂石为中心,但所营造的都是顺乎自然,都可以形成一种有意境的空间。在大部分新中式景观设计中,大量运用水、草坪、砂石这些元素,来达到设计目的,各部分所占的比例也恰到好处。

2.模仿自然景色的人工风景

景观建筑本来是一个人工环境,但是它的成功在于创造出一个有若天然的境地。天然景物是自由的、不规则的,在设计布局上之所以采用自由的线条的目的就是使自然的元素有若天然,建筑元素尽量使之和自然元素相协调,由此而得到一种完全和谐的景象。明代园林艺术家计成说:"虽由人作,宛自天开。"这八个字蕴含了景观建筑的艺术意义,有三个:一切艺术都是由人做的;做得就像没有做过一样,不露任何痕迹;做得就像自然一样。在园林中,建筑元素是处于从属的地位,它们是用于增进景色,并不是利用自然景色来衬托它们的重要性,一切要做的自然。

对于景观建筑来说,设计素材和元素虽然变化多端,但是它们并不是一种形状的游戏。恢复自然和创造自然是设计的基本目的和要求,它们包含着人工的伟大含义,但不是表达人工的伟大的外形。所有的元素变化只不过是取得点景的手段,绝不是集结特有的元素而形成它们有趣的景色,意在人工风景中尽量避免显露人为的痕迹(见图1-8)。

图1-8 仇英《上林图卷》:人工建筑与自然环境相融合

3.景观建筑风格各异

就传统园林来讲,南、北方园林存在着差异。南方园林以江南园林为代表,江南园林主要指以苏州、杭州、无锡、扬州、南京、上海、常熟等城市为主的私家园林。江南园林属于文人写意派山水园,文人画家参与造园,以人工造景为主,规划巧妙,设计精致,人文气氛浓。

造园师在有限的空间再现真实的自然山水，以小见大，意蕴无穷。北方园林以宫廷园林为代表。既然是朝廷修建的园林，那么，在人力、物力、财力、智力诸方面都是倾国而为之。并且，宫廷园林必然讲究帝王气派，雄伟高大、金碧辉煌，主体突出，强调中心。所有的宫廷园林都占地较广，平面布局严谨，壮阔粗犷，厚重沉稳。陈从周先生曾说过："北方园林华丽、南方园林雅秀"（见图1-9）。

图1-9　承德避暑山庄与扬州个园

从建筑物风格、立面造型和细部处理来看，江南园林建筑远比北方皇家苑囿建筑轻巧、纤细、玲珑剔透。这一方面是因为气候条件不同，另外也和习惯、传统有着千丝万缕的联系。如翼角起翘，对于建筑物的形象，特别是轮廓线的影响极大，北方较平缓，南方很翘曲；墙面，北方园林建筑显得十分厚重，江南园林则较轻巧；其他细部处理，江南园林不仅力求纤细，而且在图案的编织上也相当灵巧，北方园林则比较严谨、粗壮、朴拙。南尖北平和南敞北封（见图1-10）的建筑特点我国民居屋顶的坡度从南往北是逐渐减缓的。南方屋顶高而尖，原因是南方的年降水量大，气候又炎热，高而尖的屋顶既利于排水，又利于通风散热。北方由于降水较少，所以屋顶多建成平顶，这样既可节省建筑材料，还可兼作晾晒作物的场所。另外，我国南方的景观建筑，轻巧纤细，玲珑剔透，内外空间连贯，层次分明，苏州的拙政园是其典型代表。北方园林建筑则平缓严谨，粗壮质朴，内外空间界限分明。陈从周先生做出总结："南方为棚，多敞口。北方为窝，多封闭。"可见，从适应环境、居住舒适出发，南方建筑注重通风散热，北方建筑利于保温保暖。

图1-10　静宜园见心斋与拙政园

而现代景观建筑往往是根据地域、风格来确定其建筑的样式。北京泰禾运河岸上的院子和九里云松度假酒店，亭子及入口廊架均采用原木色，形式提炼于传统园林中建筑的元素并简化，形成一种轻松、雅致且不缺乏文化的景观建筑，使之与周边的建筑和环境相融合（见图 1-11）。

图 1-11　新中式园林风格

在 2009 年的伦敦蛇形画廊中，轻巧的柱子上，放置了连绵起伏的铝板结构，搭建了一个交流的空间，同时保持公园内的景观不被遮挡。铝板能反映树木、地面和天空，形成一个戏剧性的融合效果。这种形式的景观建筑也越来越多地出现在当下的城市中，它是现代建筑风格的延伸。上述两种风格成为目前景观建筑设计的主流，虽然形式、元素、材料不相同，但是都阐释着对自然的融合和与人的互动，只是表达方式不同罢了（见图 1-12）。

图 1-12　妹岛和世及西泽立卫蛇形画廊作品

第二章 景亭、景廊设计

第一节 景亭、景廊概述

一、景亭

《园冶》中提到："《释名》云：'亭者，停也。人所停集也。'司空图有休休亭，本此义。造式无定，自三角、四角、五角、梅花、六角、横圭、八角到十字，随意合宜则制，惟地图可略式也。"我们可以清晰地看出作为景亭，首要的作用是供人停留和休息的场所。再有就是景亭在景观中往往起到画龙点睛的作用，但其关键在于位置的选择。《园冶·立基·亭榭基》又说："惟榭只隐花间，亭胡拘水际。通泉竹里，按景山颠。或翠筠茂密之阿，苍松蟠郁之麓；或借濠濮之上，入想观鱼；倘支沧浪之中，非歌濯足。亭安有式，基立无凭。"说的是景亭的位置，不必拘泥于以往的案例，而是应根据场地的关系和设计意图综合考虑，或是视觉的焦点，又或是隐于环境之中。在山顶、水涯、湖心、松荫、竹丛、花间都是布置景亭的合适地点。与其他传统建筑相比，亭的最大不同之处就是"虚"。亭不依赖墙，只靠亭柱的支撑（也有少数依墙而建的半亭），此种自由独立的审美特点，中空不倚的视觉效果，最大程度地体现了整体的景观氛围，把外界大空间景象吸收到这个小空间来（见图2-1）。

传统的景亭演变到今天，形成了新中式景亭，还有欧式亭。在西方园林中，亭作为景观建筑的代表，并不突出。而现代欧式景观中的亭，多以西方古典建筑柱式、穹顶为元素设计而成。如在一些以法式风格的居住区内，开敞的草坪，视觉终点常常是欧式景亭作为底景。同时景亭还被用在酒店、广场、商业街、居住区、公园等空间，其形式也是多样化的，甚至以一种艺术化、装置化的处理手法，展示在世人眼前。

图 2-1　景亭的布置地点（水边及半亭）

二、景廊

追溯历史，在传统中国古典园林中，景廊是从房屋的屋檐下开始，《园冶·屋宇·廊》是这样论述的："廊者，庑出一步也，宜曲宜长则胜。古之曲廊，俱曲尺曲。今予所构曲廊，之字曲者，随形而弯，依势而曲。"它是随着地形，或留在屋的前后，或在山林之间上登山腰，下临水面，如断如续的像蛇行一样，这便是廊在园林中的空间关系。现代景廊一般由廊架和花架组成，其作为景观设计中重要的元素，不仅具有交通联系、遮风避雨、停歇休息等实际功能，同时可以对景观流线进行组织串联和引导，廊架在空间联系和空间划分上起到重要作用，通过景观手段营造一种虚的立体空间。廊架利用自身的位置、形式、长短、开合、高低能把场所进行聚散、开合、大小、明暗、抑扬等一系列转换，从而形成有特色变化的不同室外空间，更进一步延伸廊架的作用，甚至能通过特色材料和形式的设计，来满足场所的生态需要，或者增加场所的文化归属感。

如今，随着园林景观设计的沿革和发展，我们不会再拘泥于某一种文化背景的传统造园手法，而是通过吸取各种古典造园理景和空间塑造的精髓，在不同的现代造园语境下活以运用，来创造适合的景廊。

在东方，以中国古典园林为代表的园林，主要的创造者和服务对象是中国古代的文人士大夫阶层，这一阶层的核心价值观长期受到儒道两家的熏染，相对内敛含蓄，同时讲求师法自然天人合一，用自然山水式的园林景观追求一种高远的立意和禅境。中国古典造园手法讲究精巧多变步移景异，因此中式古典园廊多采用轻巧的木质结构，通过廊架的曲折迂回将园林空间串联、分隔、拆解、重组，结合周边的园林布景形成灵活多变的空间体验，用虚轴串联一个个离而不散的空间。当人信步其中，仿佛在自然山水中畅游，所谓游廊画境，便是一种虽为人作宛如天开的境界。

而西方的古典园林，其大部分的创造者和服务对象是皇室贵族或者宗教统治阶层，更讲究用园林来体现权力和地位，同时在传统西方的文化背景中，深受古希腊和古罗马文化影响，他们的哲学观崇尚万物的数学几何美和逻辑感，因此传统西方园林是讲究中轴对称、均衡稳定、主次分明、比例协调的几何式园林。相比于东方造园中那种隐含的条理性和逻辑性，西方园林的逻辑更为强势直白，你会相对容易地把西方古典园林抽象成数学几何图案，而廊架在这幅几何图案上会强化这种几何感，比如环绕两翼强化中轴，或者在几何中心作为点睛之笔等（见图 2-2）。

图 2-2 中西方廊的对比

第二节 景亭、景廊的分类

一、景亭、景廊的空间分类

亭、廊通过其自身的体量大小、所在位置、闭合敞开的朝向等形成了不同感受的空间，这些不同空间构成的亭、廊结合周边景观，可以打造出不同氛围的景观小环境。

1. 景亭

1）点景景亭：作为场地焦点的点景构筑物，作为一个点式单体存在，具有空间和视线汇聚的功能。由于这种中心景亭作为视觉中心，大多设置在景观轴线或者几条轴线的焦点上，观赏面较多、四周通透，是一种公共的场所，所以对于这种单体景亭外观样式更为考究，结合场地设计风格适当突出形式隆重感，起到统领空间的作用（见图 2-3）。

2）底景景亭：这种景亭常常设置在轴线或是视线的底端，作为空间的结束。较点景景亭，空间围合和私密性都要强一些。形式上一般为一面实，三面虚，如果四面都为虚，那么视线的底端应用植物来收尾。还有一些景亭会采用竖向的格栅来创造空间的变化。具体的景亭形式，还是要以实际的设计意图为准。

3）点状散置景亭：我们将景亭分散在场地的不同位置，来创造不同的休憩氛围。这种空间类型的景亭最重要的特点就是具有良好的私密性和"隐"在整个环境中。在山顶可以俯瞰整个环境成为观景亭，或是在水边，或是在林间、花丛间成为休息之所（见图 2-4）。

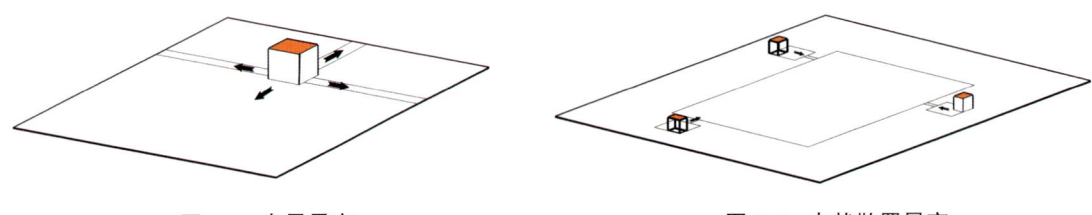

图 2-3 点景景亭　　　　　　　　　图 2-4 点状散置景亭

2. 景廊

1）单面廊：一种是在双面廊的一侧列柱间砌上实墙或半实墙而成的，另一种是一侧完全贴在墙或建筑物边沿上，作为建筑单体室外空间的延伸。一般用于轴线对称，强化轴线，或是单面廊的空间向单侧打开，在场所边缘起到向心型围合作用，这种空间给人私密归属感强，多作为停留空间处理（见图 2-5）。

2）双面廊：两侧均为列柱，没有实墙，在廊中可以观赏两面景色。双面廊可通过空间变化，利用直廊、曲廊、回廊等营造不同的空间变化，双面廊一般作为通过性空间，也可以利用廊架局部增加休闲座椅等设施，形成停留空间（见图 2-6）。

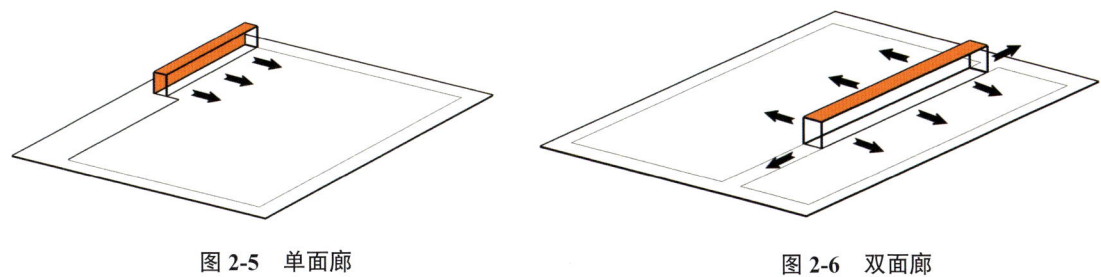

图 2-5　单面廊　　　　　　　　　　　图 2-6　双面廊

3）复廊：在双面廊的中间夹一道墙就形成了复廊，又称"里外廊"（见图 2-7）。因为廊内分成两条走道，所以廊的跨度比一般单廊稍大。中间墙上可以利用开洞形式，从廊的一侧透过漏窗可以看到廊的另一边景色，一般设置两边景物各不相同的园林空间。如苏州沧浪亭的复廊就是一例，它妙在借景，把园内的山和园外的水通过复廊互相引借，使山、水、建筑构成整体。

4）多种空间复合廊架：在一些要求空间灵活多变的项目中，也可以在一段廊架上体现多种空间结构，结合立面格栅分割视线，利用框景、对景、障景、通景等手法形成灵活多变的景观空间。但这种复合结构廊架一般用在廊架尺度较长的设计中，搭配周边的景观形成步移景异的效果，切忌在小尺度廊架中体现过多空间变化，以防杂乱无章的结果（见图 2-8）。

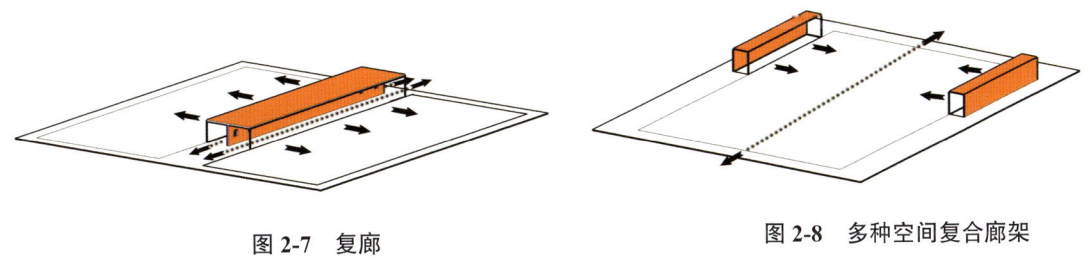

图 2-7　复廊　　　　　　　　　　　图 2-8　多种空间复合廊架

二、景亭、景廊的空间分类

1. 古典风格

在营造中式园林时，我们运用古典风格，也就是仿古亭廊。从平面上讲它包括多边形、长方形、仿生形（梅花形、睡莲形、扇形、十字形、圆形）、多功能复合亭（亭廊组合、桥亭、碑亭）。屋顶形式以攒尖顶、歇山顶为主。这种风格一定要遵循传统制式，模仿性远远大于创造性。我们在进行俄罗斯和牙买加中国园林的项目实践中，便是创造出原汁原味的中国古典园林，所有的园林建筑均是按照清代园林所设计，旨在提高中国园林在世界的认知。它是我们对传统的一种敬仰。

2. 新中式风格

新中式风格是基于全球化对于中国的影响，将中式传统的元素简化，并结合新的材料孕育出含蓄秀美的一种风格。新中式景亭是将平屋顶或重檐平屋顶、格栅、纹样装饰等元素叠加，形成一种具有中式意境的现代景亭。我们在西安的项目实践中，尝试着运用新中式风格，整体亭子是仿木材料，双层平屋顶和竖向铁艺的结合，共同形成这一风格（见图2-9a）。

3. 欧式风格

以西方古典建筑柱式、穹顶为元素设计；也有一些平顶与柱式相结合的亭子，常用于欧式居住区。还有一种欧式风格的亭子为纪念性的，如天津大学的北洋亭、骊山的兵谏亭等，均是借鉴西方古典建筑的元素而形成的景观建筑（见图2-9b）。

4. 现代风格

现代风格的亭廊是现代建筑的衍生品，是一种有张力、垂直与水平的线性、极简的设计特点的亭廊，往往透露着时尚、活力的气息，而且在功能上也变得更为多样。在泰国，设计师将地面折叠，面朝大海，人们可以在不同的地面层次坐下来放松和享受。金色折叠亭可以支持小型演唱会、会议、小型体育看台等功能（见图2-9c）。

5. 艺术风格

它是基于现代风格，在形式上较为夸张，虽也具有亭的功能，但多数时候是作为一种艺术品或是反映某种思想而出现的，又或是与高技术相结合。德国的Achim Menges教授在新作ICD/ITKE亭中展示了一种全新的建筑，整个亭子是在一层柔软的薄膜内部用机器人织上可以增强结构的碳纤维而形成的轻型纤维复合材料外壳构筑物，打开了机器人施工工艺新适应性局面。这便是融合艺术和高技术的景亭（见图2-9d）。

图 2-9 亭廊风格

a）新中式风格　b）欧式风格　c）现代风格　d）现代艺术风格

6. 其他风格

其他风格，如东南亚风格，强调自然、健康、休闲，景亭是用原木或茅草棚屋建造的，有时还具有一定的宗教色彩。再如地中海风格，其圣洁的蓝、白色，和拱券的运用是任何一种风格都无法超越的。

三、景亭、景廊的材料分类

亭、廊的材料分为承重结构主材和表皮附属材料，先确定主结构选材，再根据不同主体结构材料来选择表皮材料的连接处理方式。本文在这里按照主体承重结构材料分类，可分为钢结构、木质结构、砖结构、混凝土结构、生态材料和其他新型材料等，不同的材料受到地域气候、人工成本、工艺成熟度等因素影响，在不同区域不同的设计条件下有选择的侧重性。

1. 钢结构

钢结构分为外露式钢结构和内包式钢结构。外露式钢结构既是承重结构又是外观表皮；内包式钢结构仅作为亭、廊的承重结构，外表皮通过在钢结构主体上干挂石材或其他复合面板材料，呈现不同的表皮效果。在园林景观中，钢结构无论是外露式还是内包式，都要进行防腐防锈的耐候处理，一般在表皮涂抹保护涂料漆（见图2-10a）。

2. 木质结构

木质结构分为单一木构或与其他搭配使用的木质结构，例如钢或混凝土材料搭配使用的木质结构。与其他材料搭配使用的木质结构，木材大都作为装饰配件使用，而单一木构所有结构均为木材，可以通过销钉等金属五金连接，或者像中国传统木作那样采用无钉隼牟工艺，这种木质结构连接工艺尤为讲究。木材质分为天然木和复合木塑，复合木塑耐候性好，但感官效果生硬，天然木感官效果更为自然，但需要考虑天然木材质在后期养护中会出现的形变开裂等情况，所有木材在景观施工中都要进行防腐处理，一般在表皮涂抹保护涂料漆（见图2-10b）。

3. 砖结构

砖结构在亭、廊中一般作为立柱结构，外贴面材形成不同立面效果。砖结构操作简单，但如果砖立柱高度过高或者顶板荷载过重时，需要增加混凝土压顶防止砖结构松塌。

4. 混凝土结构

一种为常规外形的混凝土亭、廊，混凝土作为它们的梁柱或顶板结构，表皮刷清漆呈现本身混凝土肌理，或是外贴石材或面砖，呈现不同表皮效果。另一种为异型混凝土亭、廊，在现代景观设计中有时需要特殊形体时，混凝土因为其根据模具浇筑塑性的工艺特点，可实现非常规形体的塑造，但异形加工对工艺水平和造价都有一定要求（见图2-10c）。

5. 生态材料

在一些乡土景观和郊野生态景观中，景亭、景廊可以就地取材，利用天然木、竹子（见图2-10d）、稻草等原生材料进行设计。这些材料质朴天然，乡土性强，利用这些材料塑造亭、廊可以更好体现场所精神。然而这些乡土生态材料也有其局限性，材料获取因地制宜，施工特殊，耐久性差，所以一般作为非永久性亭、廊出现，或者配合钢结构等其他传统材料搭配使用。

6. 其他新型材料

随着科技的发展，出现许多新兴复合材料，例如废弃再生材料、纳米材料（见图2-10e）、膜体结构、塑料、尼龙等编织材料（见图2-10f）等，这些材料大都先在先锋艺术或者街头装置中进行尝试,当技术条件趋于稳定时,逐渐作为亭、廊的元素出现。

a) b)

c) d)

e) f)

图 2-10 亭廊材料

a) 钢结构亭子 b) 木质结构亭子 c) 混凝土结构亭子 d) 生态材料亭子 e) 纳米材料亭子 f) 编织材料亭子

在上述介绍的材料中,钢结构、木质结构和混凝土结构在传统园林设计中使用较多,可以通过图集查阅到许多相关通用做法,而随着科技进步和设计需求的提升,景亭、景廊材料开始向更多元的方向发展,逐渐使用生态材料和其他新型材料,即使是相对传统的材料,也可以通过新式的外观加工和结构搭接方法，来达到更为现代的效果。当新型材料工艺并没有被大众普及时，设计师可以通过咨询相关专业厂家来了解相关工艺和节点做法。设计师应具有前瞻眼光，勇于尝试新材料，给亭、廊设计更多的可能性。

第三节　景亭、景廊设计流程

具体的景亭、景廊设计，包括明确位置和尺度、确定外观、考虑结构、推敲细节、综合周边环境等步骤，要从宏观到微观对亭、廊设计进行综合性把控。

一、景亭、景廊方案设计流程

1. 明确位置和尺度

设计师要根据空间尺度和空间需求，拟定亭、廊的位置和大小，例如确定设计场地是需要一个点状向心性亭、廊统领空间，还是需要作为底景景亭或是一组对称性廊架强化轴线，还是需要点状散置景亭或是一个单边廊架围合某段场地边界，或是需要一个步移景异的趣味空间廊架串联整个场地，或只是需要一些零散小尺度廊架满足休息功能，根据不同空间需求确定亭、廊的规模。

2. 确定外观

要根据整体的景观设计风格，确定亭、廊的外观形式。例如新古典庭院多选择欧式古典石材亭、廊，中式花园选择木构架方亭或是曲廊，郊野生态公园选择生态材料的亭、廊等，综合考虑环境，明确亭、廊的外形样式和材料的质感色彩。

3. 考虑结构

在设计亭、廊外观的同时，要对其结构做法进行一体化考虑，以避免前期设计和后期施工图实现的脱节。

4. 推敲细节

明确了亭、廊的整体外观风格和结构做法之后，需要对亭、廊细节进行精细设计，例如檐柱比例、檐口线脚形式、柱头柱础形式、立面的材料分缝、内吊顶材料质感、外露构件的搭接关系等，亭、廊作为一个近人尺度的小型构筑物，这些精细化设计在最后的实景呈现中会给人最直观的感受。

5. 综合周边环境

不要只思考亭、廊单体，要同时对周边搭配环境进行综合设计，亭、廊作为一个塑造空间的重要媒介，其周边空间形成的底景、对景、框景等，和亭、廊本体形成密不可分的整体。在整个亭、廊设计中，要对这些问题进行充分考量，才能顺利推进后续施工图及施工呈现等工作。

二、景亭、景廊施工图绘制流程

1. 景亭、景廊施工图绘制顺序

景亭、景廊施工图绘制顺序：亭、廊基本平面图绘制→亭、廊平面位置与景观总平面复合，根据地下管线条件和周边场地对位关系调整亭、廊柱网→完成亭和廊顶平面图、平面图、立面图、剖面图的绘制→把简单平立剖面图提供给结构专业进行结构配合→完成亭、廊的节点做法和照明亮化设计→图纸提供给相关水电专业配合→继续完善各细节放大和节点做法，查漏补缺。整个亭、廊施工图设计是一个多专业往复沟通的过程，需要互相配合共同完成亭、廊的施工图绘制。

2. 景亭、景廊施工图绘制内容

一套完整的亭、廊景观施工图包括顶视图（用来表达亭、廊平面尺寸及顶部做法，当有多重屋顶时，需要分层表达顶视图）、平面图（一般为顶棚以下的立柱剖切平面图，用来表达立柱平面关系和亭、廊柱脚与地面的交接关系）、立面图（包括所有不同立面的展开图，表达亭、廊的立面尺寸和材料运用。）、剖面图（具体剖切位置因项目而异，但必须包括立柱、横梁、檐口、基础等剖面做法，剖面包含结构层、结合层、面层）、局部大样图（当亭、廊整体平面图或立面图对于细节样式表述不清时，用局部大样图标注细节尺寸和材料。）、装饰构件图（特殊装饰构件的做法图）、节点做法图（具体的细节施工做法，例如面层安装方式，吊顶做法，装饰构件安装方式，散水做法，亭、廊灯具安装方式等）、配套的结构图等。

3. 景亭、景廊施工图绘制原则

亭、廊施工图绘制原则是清晰易懂、拆繁成简、不表达重复信息和冗余信息。例如绘制某个多重结构的亭、廊顶视图，不需要同时表达玻璃顶、下面的钢结构、钢结构下面的装饰格栅、格栅下面的其他装饰层，这样多层重叠会导致读图困难，这种时候尽量拆分成分层顶部剖面。再例如绘制剖立面图，不需要在剖面图上同时表达剖面和能看到的所有看面的全部信息，只需着重表达剖切处信息。一套清晰的亭、廊施工图可能有众多节点，但每个节点表达的信息都简洁清晰。

第四节为一套相对完整的廊架图，分别包含了平面图、顶平面图、立面图、剖面图、基础做法、节点大样图、节点做法图等。其中平面图和立面图之间通过柱网轴号对应，平面图、立面图与剖面图通过剖切符号对应，平面图、立面图与节点做法图通过索引符号对应。

第四节　景亭案例设计流程图解及施工图解

一、项目介绍

1. 项目概况

项目位于天津市南开区白堤路庄王府西侧，为一个地产项目，整个场地的形态呈长方形，六栋点式楼、联排洋房分布于场地内。由建筑、道路分割出两块较为完整的场地，适合设置以公共区域为主的功能。主入口和车库进口在场地北侧；东侧有三个出入口，一个为人行出入口，两个为消防通道出入口；南侧为一个人行和车库出口。场地竖向较为平坦。我们选择了本项目中核心的景观建筑——景亭来作为案例，给大家来梳理在具体的景亭设计中的流程和需要注意的问题（见图 2-11）。

2. 设计构思

天津是一个有着中西合璧、古今兼容独特风貌的城市，很多近代著名的建筑、街区都在此处。结合城市的文脉，本项目的建筑风格也要与城市呼应，采用"新古典主义"的设计风格，

图 2-11　王府壹号项目

摒弃了古典主义过于复杂的肌理和装饰，简化了线条，更贴近时代感。那么在景观设计中我们也与此风格一致，并加入新古典主义景观元素，参考古典法式及经典希腊式庭院空间格局，强调空间的对称性及轴线性，以轴线的对称手法进行功能分区，凸显中轴线的庄重与高贵，以优美的自然曲线创造组团空间的精致和浪漫，搭配节点休闲小场地，给人以丰富的空间感受。

3. 设计难点

1）场地的形态。虽然场地由建筑、道路分割出两块较为完整的场地，但是场地不是传统意义上的长方形，而是一个异形的形状。这种以轴线对称为手法的设计，增加了一定的难度，我们的庭院式空间究竟多大，核心的景亭放置在什么位置，是这个项目成败的关键。

2）体量的控制。景亭的体量是控制核心空间的关键，如果处理不当，会使得整个空间氛围欠佳。本项目的景亭要从空间格局，建筑高度等方面进行体量的控制，并要在模型中反复推敲。

二、图解景亭方案设计

1. 景亭位置的选择

通过场地的分析，本项目的景亭选定点景景亭——"新古典主义"风格类型。为了凸显中轴线的庄重与高贵，满足空间视线是一个汇聚的中心，同时成为公共区域的休憩场所。我们的核心景观空间结构经历了四次演变，由这几个过程我们可以清晰地看出景亭位置和体量是如何做出选择的。

1）方案初探。在拿到地块后，设计风格和空间格局基本确定之后，我们就要对景观的空间结构进行梳理，我们在这里仅讨论核心景观部分。起初的想法是由各出入口及转折形成两条横向轴线、三条纵向轴线（见图2-12）。设计语汇除轴线外，其余都较为柔美，核心景观建筑为水法和两组对称的廊架。这个方案最大的优点是空间丰富，功能布局合理；缺点是轴线太多，结构不够明确，没用充分将场地的特性体现出来（近似于长方形的场地），缺少庄重和尊贵的气质。

2）二次调整。在与甲方和我们内部深入探讨后，确定了空间结构的大方向——两条纵轴。从图中可以看出我们用园路和场地将核心景观控制在一个几何图形中，呈现长方形草坪，并且点景景亭来体现核心景观。此处为什么会放置景亭而非别的景观建筑？主轴线是纵向，需要一个景观建筑（景亭、水法、廊架）→大草坪尺度空旷，水法、廊架尺度不足以撑起整个核心景观→周边建筑均为高层，如放置水法、廊架会使景观建筑本身更加渺小→景亭的体量适合这个场地的空间特点及设计理念（见图2-13）。

图2-12　方案初探

图2-13　二次调整

3）设计优化。虽然大的结构和方向确定后，上一版方案的景观空间略显生硬，不够放松，并且核心大草坪也不够开敞。我们借用原有的消防道路和园路设计，形成了一个异形的形状，将草坪做到足够大，来满足设计理念。点景景亭所在的场地由方形改为圆形，更具有向心性，并且圆形也消解了一些场地两侧的不对称性，同时对景亭的体量要初步的判断（见图2-14）。这一版方案特点是空间结构明确，突出核心景观（景亭），种植方式以组团曲线为主。此时的方案已经非常接近我们的最终方案。

4）方案终稿。这个阶段我们就需要进一步加强核心景观氛围的营造。通过加大景亭铺装的面积；增加景亭四周的水景；简化其他场地的铺装样式；加强景亭周边种植层次。这样一来景亭就真正的作为点景建筑了，也是整个场地的灵魂（见图2-15）。也可以看出场地的空间形态是决定景观建筑的重要因素。

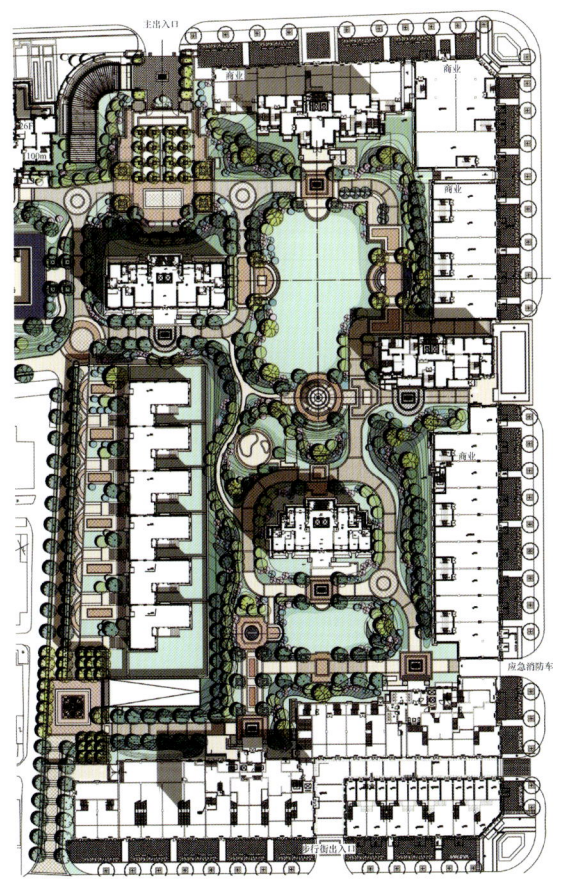

图2-14　设计优化　　　　　　　　图2-15　方案终稿

2. 景亭本体设计

在景亭的位置确定好之后，我们要对景亭的具体形态进行设计。设计风格依然遵循"新古典主义"，采用西方古典建筑柱式、穹顶为元素设计。景亭分为三个部分，分别是底层铺装、柱子、穹顶。结合场地大小、建筑高度，并经过模型的反复推敲，最终把景亭的尺度定为半径2650mm，高度8280mm，并结合周围的水景、矮墙，共同形成了本项目的核心景观建筑（见图2-16）。

景亭作为公共场所统领空间的景观建筑，在平面中设计六根柱子，从各个方向都可以观赏风景，具备了点景景亭通透的作用。柱子的形式还是采取了经典的三段式（见图2-17），但是柱头的线脚稍作简化，与整体的建筑相协调；柱身向上收分，增加细节的同时也使得景亭更加挺拔；柱脚比柱头高，从视觉上讲更加敦实，足以撑起整个景亭，形式与柱头的上半部分层次一样，但是尺寸略小（见图2-18）。

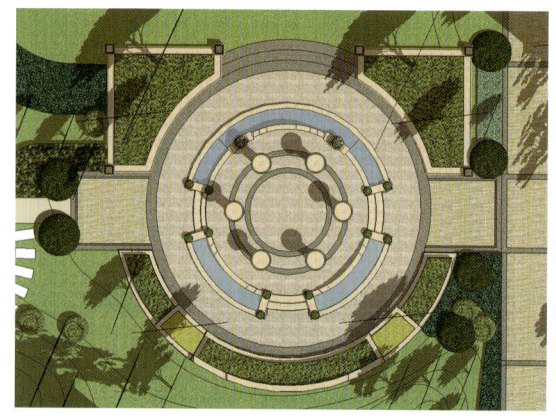
a)

b)

c)

图 2-16 景亭本体设计

a）立面图 b）平面图 c）透视图

图 2-17 经典柱式

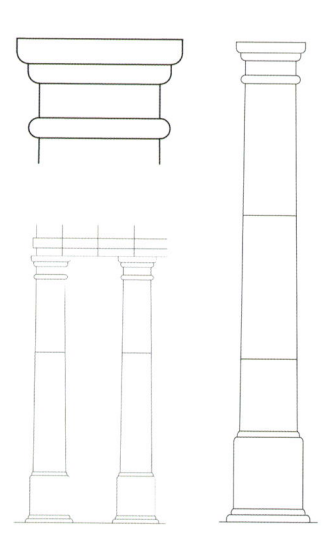

图 2-18 景亭柱

穹顶部分采用石材与铁艺相结合的方式，由于周边都是高层建筑，如果穹顶做成实体，那么整体感觉稍显压抑，不通透，做成铁艺镂空的就使得景亭融入整个环境中。石材部分的上部有三层，线脚弧线呈反向与柱子稍做变化；中部为石材平铺；下部为两侧直线线脚。柱子与穹顶共同构成了景亭的主体，庄重大气又不缺乏变化，使得这个景亭成为独一无二，只有这个场地特征可以适用（见图2-19）。所以说我们在做一个景观建筑时，要从场地、理念、风格、功能、周边环境等方面综合考虑，才能得出一个正确的结果。

图 2-19 穹顶细部及景亭

三、图解景亭施工图设计

施工图阶段我们要解决的是景亭的构造做法以及在方案阶段不合理的地方进一步优化，做到节省成本、经久耐用、工艺精良。维特鲁威在《建筑十书》提出："一切建筑物都应当恰如其分地考虑坚固、方便、美观"。这几方面便是这个阶段着重要引起注意的。例如，本项目中的景亭柱，在过去那是要用整石来雕出来的，虽然效果完美，但是造价太高。如今我们这种圆形或是异形的柱子均采用钢结构为主体，外挂预制石材的做法，既经济又美观。下面我们还是以这个景亭为案例，来阐述在施工图设计中需要注意的问题。

1. 平面落位及竖向关系

1）平面落位。方案阶段到施工图阶段还应该有初步设计阶段，为的是解决小市政综合管网、出地面风井等对景观的影响。如果出现有景观建筑在管线上的问题要进行避让，或是与综合管网设计师协商是否可以满足管线避让。近年来，景观对于一个项目的品质已经上升到较高的层面。所以在方案设计初期，就必须将综合管网专业纳入到每次的景观方案汇报中，以便保证景观建成效果，管线尽可能地避让重要的景观轴线与节点。那么在这个项目中，我们已经在方案阶段与综合管网设计师进行沟通，要求景亭及周边尽可能不要有管线在此穿过，保证景亭、水景、种植的施工条件。这时的景亭平面已经与方案时有所不同了，景亭的出入口由三个变为四个，水景也被分割为两两大小相同的扇形，更趋于均好和合理（见图2-20）。

2）竖向关系。本项目的景亭是被放置在加高200mm的场地上，四周各有两步台阶，为的是增加景亭的重要性。景亭场地以圆心为原点向四周放坡，坡度控制在0.3%，低点位于四个方向的台阶处，保证下台阶之后的竖向是相同的。之后的坡度要与两侧的道路、草地有较好的接驳，坡度控制在1%~1.5%。值得注意的是一般景亭周边的竖向尽可能做到平缓、均好，它不同于廊架、景墙可以随着较大的坡度进行调整，要重视点景景亭的庄重感（见图2-20）。

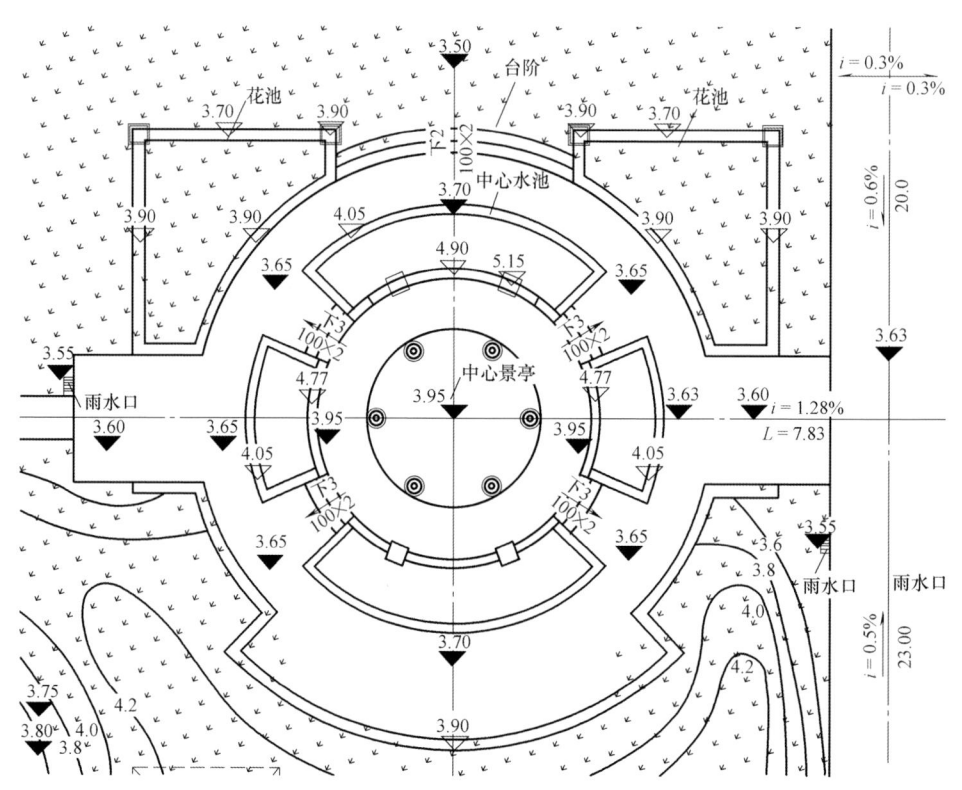

图2-20 平面落位及竖向

2. 景亭的基础做法及主结构做法

1）基础。景亭的基础采用钢筋混凝土、圈梁的做法，将钢结构柱插入T形槽中，并回填混凝土（见图2-21a）。三个知识点，一是圈梁，它是在六根柱子下方灌筑一圈钢筋混凝土梁，防止不均匀沉降、加强基础的整体性；二是在设计基础做法时要考虑场地内有无地库顶板，如果有，一般大型的景观建筑都需要将基础埋深至地库顶板的完成面，这样做跟圈梁的作用相同。一般情况下，景观设计师在确定基本的基础形式之后，要与结构工程师进行商榷（见图2-21b）；三是如果没有地库顶板，那么我们要将基础埋至冻土深度，防止土壤冻胀对基础产出影响。

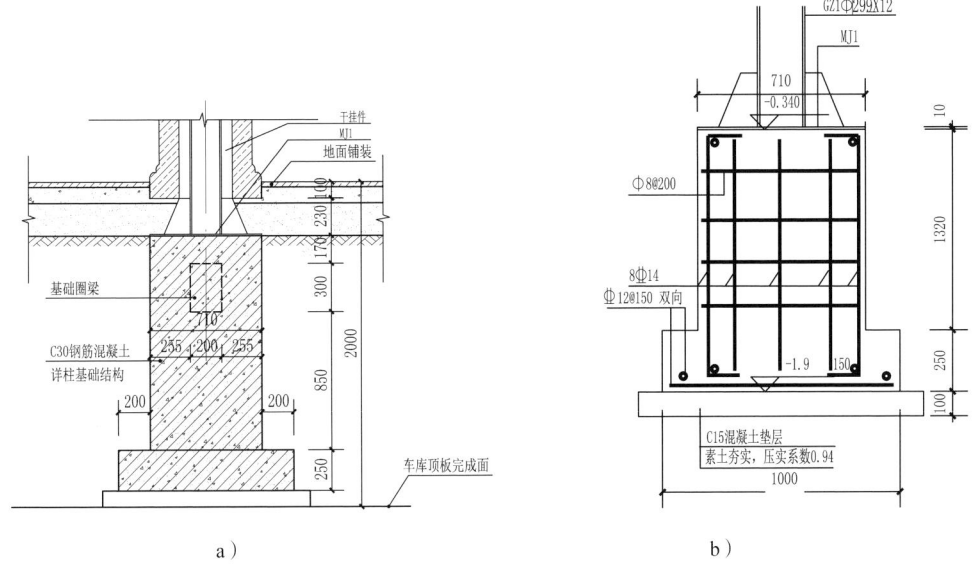

图 2-21 景亭基础做法

2)主结构。在方案设计时,我们已经将景亭的比例尺寸推敲成熟,如景亭高度、占地大小、柱高、柱距、穹顶直径等(见图2-22)。做施工图时,我们只需要将尺寸调整,或是符合模数即可。之后,要与结构工程师主导景亭的主结构。由于景亭要使用大量昂贵的石材以及体量较大,所以希望选用较轻的结构,最终上部主结构全部定为钢结构(见图2-23),外挂石材。这样做只需要将表皮石材选好,就可以达到很好的效果,既经济又美观。

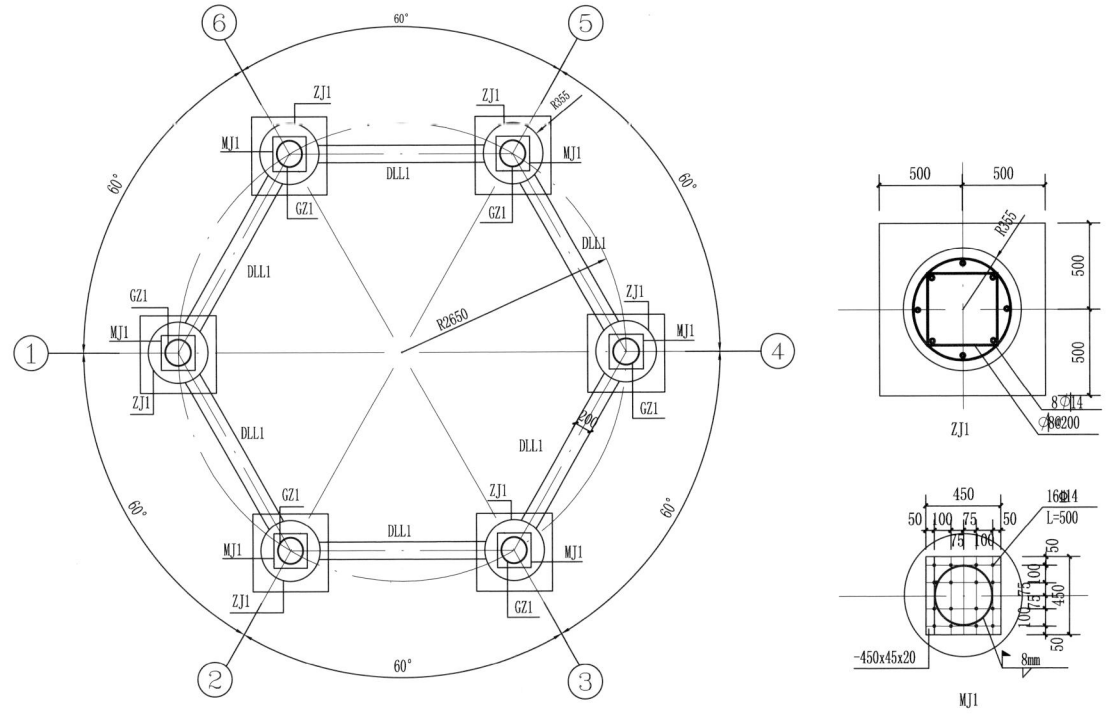

图 2-22 景亭结构平面图

3）材料、面层选择和安装方式。我们都希望景亭在做完之后浑然一体，那么就要求石材尺寸要大，石材缝要少。所以柱子石材尺寸较大，柱脚是一块 150mm 厚的整石，高为 760mm，柱身是三块 45mm 厚，高分别为 600mm、1200mm、1100mm，柱头是一块 80mm 厚，高为 350mm。从立面上看柱子只有三条缝，达到设计的初衷。在色彩上要选择与周边建筑相近的黄金麻石材，面层选用光面，体现尊贵大气。柱子向上一层是穹顶的石材部分，它的安装方式与柱子相同，但是圆形钢结构较为复杂，除了上下两根主方钢，还需要水平加肋和纵向密集加固，这样才能达到挂石材的强度（见图 2-24）。因为是弧形且不好加工，所以此处每块石材不宜太长。

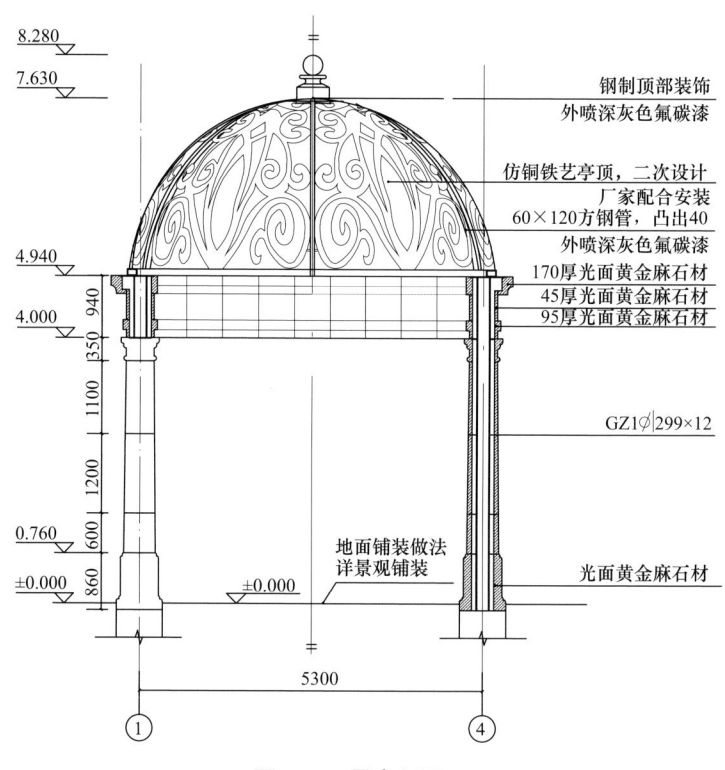

图 2-23　景亭剖面

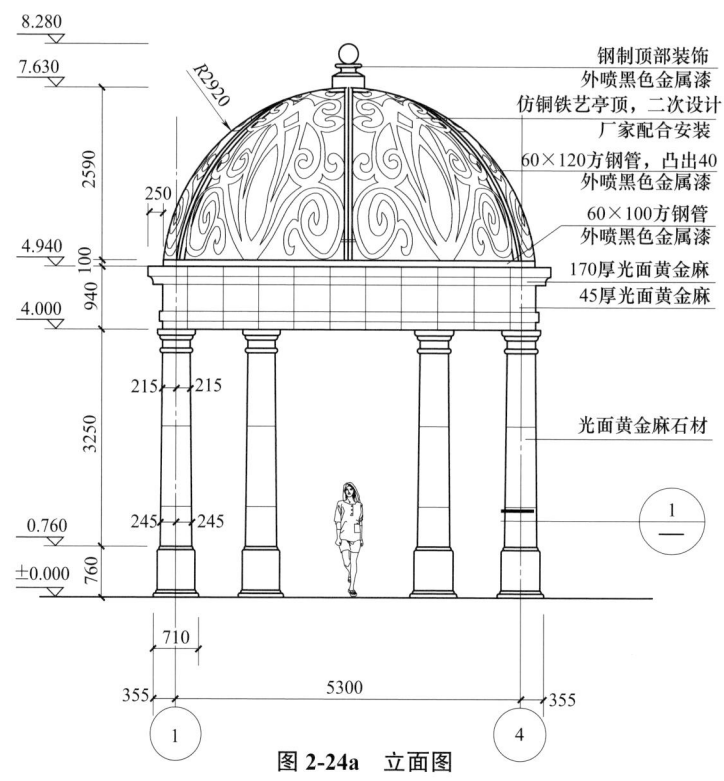

图 2-24a　立面图

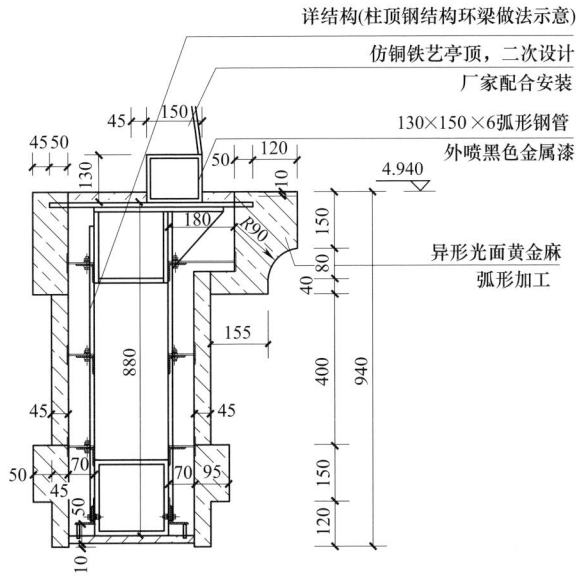

图 2-24b 柱头节点图

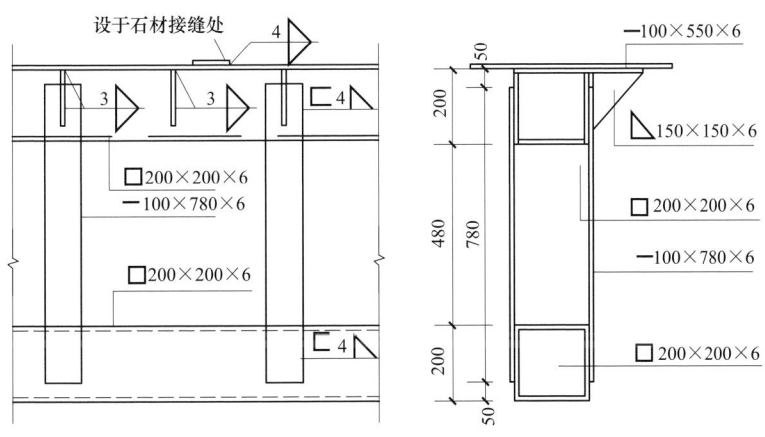

图 2-24c 内部钢构造图

4)铁艺穹顶样式及安装方式。铁艺穹顶要考虑图案的样式、截面、安装方式等。样式选择从欧式古典纹样中提取并加以变化,铁艺选用 6mm 厚作仿铜处理,最后表面要涂一层清漆做防锈处理。穹顶通过 130mm × 150mm × 6mm 弧形钢管进行焊接固定。所有的铁艺加工及安装都需要专业的厂家来进行配合,如有任何方案层面的变动,需跟设计方进行商榷(见图 2-25)。

5)照明设计。夜晚中的景亭也应是一道美丽的风景,通常景亭中的灯具有壁灯、埋地投光灯、侧壁灯、吊顶灯等形式。方柱一般可选壁灯、埋地灯,景亭高度不高或是平顶适合放置吊顶灯,这些都是一些经验,最重要的还要看设计的意图。本项目的景亭希望在夜晚也可以体现它的挺拔,所以选用埋地投光灯,从下往上打光来烘托主体。对于灯光功率要求将穹顶的铁艺也要有余光可以照到,这时需要电气工程师进行配合,包括明确灯具选型、灯具照度、布灯点位、走线方式等(见图 2-26)。

整体铁艺花饰样式参见本图,由厂家二次加工。

图 2-25 铁艺样式及安装

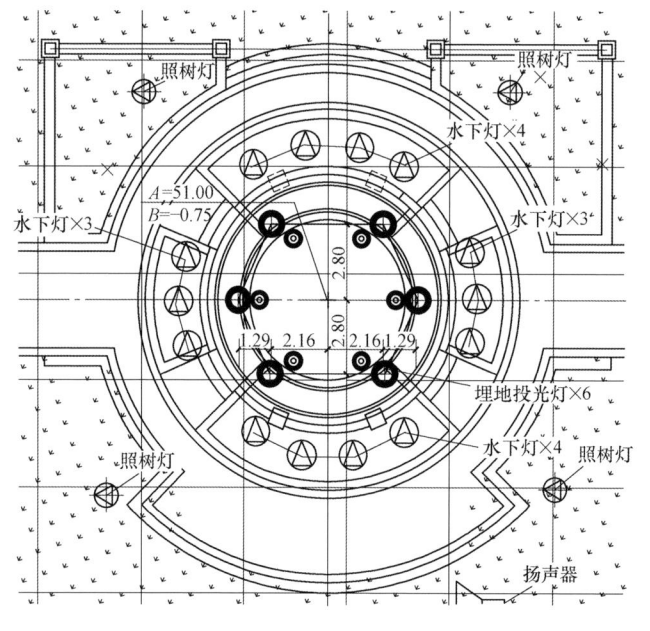

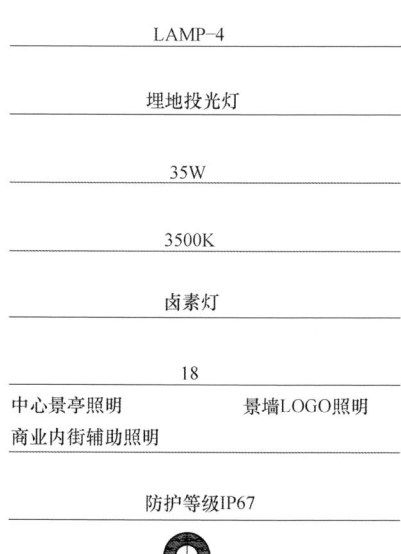

图 2-26 景亭照明

四、图解景亭施工

上文我们介绍了景亭从方案到施工图的全部图解过程及思维过程,这部分我们来谈谈本项目中的景亭是如何建成的,步骤是什么,每一步应注意什么。设计与施工两者相辅相成,对于施工较为了解的设计师,在画施工图时就会注重一些细节来规避施工时的问题。这样的话可以使施工顺利进行,也不会出现大量的设计变更。

景亭施工的整体工艺流程包括材料准备、定位放线、预埋管线、基础开挖、基础施工、主体结构施工(立柱施工→圈梁施工→穹顶施工)、主体结构预埋管线、主体面层施工、装饰构件施工、预埋管线收口等。根据不同项目的具体特点,也可能出现某些步骤并行推进的情况。

1. 施工流程

1)材料准备:包括准备结构材料、面层材料、装饰构件以及需要工厂特殊加工的成品构件。

2)定位放线:在平整场地、预埋管线、平整夯实之后,进行景亭的定位放线,定位放线是为了定位景亭柱在场地中的位置,以便后续做柱基础施工。

3)基础施工:在网格定位后,柱基础点开挖土槽至地库顶板,并进行钢筋混凝土基础结构主体的浇筑工作。如果前期小市政预埋管线没有明确定位条件,致使景亭施工图不能提前合理避让,而在现场开挖土方时发现景亭与现状地下管线冲突,此时应该由业主、设计方、施工方三方协商解决方式,方可施工。本项目中的景亭不存在此种情况。

4)主体结构施工:在完成地下基础施工后,进行地上主体结构施工,包括柱子、穹顶圈梁。钢结构主体需要在结构完成后做防腐防锈处理,混凝土结构主体需待混凝土干透之后方可进行后续面层施工。此阶段如果涉及景亭主体的水电穿管走线工作,需要同步施工。我们只需将电线预留至柱底,待铺设地面面层时,同步将埋地灯投射灯装好。

5)面层施工:待主体结构完工后,进行面层施工。我们通过干挂工艺中的干挂件将面层材料挂于主体结构上。

6)装饰构件施工:进行非主体结构的其他装饰构件安装工作,例如穹顶装饰、柱头柱脚装饰、灯具等。

2. 施工时应注意的问题

一个好的项目实景呈现需要设计师在图纸阶段和现场施工阶段双重把控,因为各种不可预估原因,可能导致施工图在实际施工中推进困难,例如图纸和现场尺寸的误差、现场工人的施工水平限制、现场材料定样的不同厂家不同批次随机性、创新型材料特性和安装使用的不稳定性、虚拟三维工作模型尺寸失真导致实际成品感官误差、施工图未尽详述之处、其他不可控因素等,这些问题都会在实际施工过程中暴露,因此需要设计师进行多次现场施工配合,及时发现问题解决问题,才能够保证最终建成效果。

现场施工配合的关键性节点:在设计师施工现场配合阶段,着重把控四个关键时间节点:第一,前期材料准备阶段,装饰面层封样时期,明确厂家提供样材是否符合设计初衷;第二,现场主体立柱和梁板结构搭建时期,通过在现场感受真实尺寸的廊架空间,以便及时调整,避免可能因为三维模型失真造成的感官误差;第三,开始安装面层时期,可以根据现状安装样段效果,对安装面层方式进行优化调整,例如根据现场效果,明确石材面层是密封排列还是留缝排列等;第四,最终验收前查漏补缺,提高施工精细度。设计师尽量确保在这几个关键节点位于施工现场,就能大致确保景亭建成效果。

第五节　景廊案例设计流程图解及施工图解

一、项目介绍

本项目是一个商业地产项目的样板间展示区，用整个地块打造一个公园式的展示场所，把五栋样板间建筑单体融于景观中，以景观游园的方式串联销售动线，通过景观手法来营造不同的空间体验，引导访客参观样板间的同时，得到自然舒适的心理感受。由于设计定位和销售需求，需要用景观手段来实现空间的抑扬开合、场所提示、指向引导、遮风避雨等，因此本项目选择了一系列景廊架来作为空间塑造的主要手段，在此作为一个典型案例，对在景观工程中的廊架设计，从方案（见图2-27a）生成到施工图绘制到现场施工配合等一系列步骤进行图解详述（见图2-27b）。

图2-27a　场地效果图

图2-27b　建成后效果

1. 提炼场地文脉，明确设计风格

整个项目地块位于西安市长安区韦曲一带，拿地开发前此地属于西安城内相对落后的棚户区，业主规划打造一处集居住、商业、办公、休闲于一体的现代综合街区。样板区作为整个地块最先呈现的部分，需要浓缩整体场所精神。设计师通过翻阅大量文献资料，充分挖掘西安古都文化，发现地块文脉可追溯到汉唐时期，当时此地属于古长安城南侧的韦曲樊川一带，此地自古人杰地灵，背靠终南常景，面看皇朝更迭，其独特的场所气质吸引众多文人雅士在此建造别馆，作为一个出仕入仕过渡融合的地带，进可繁华朝堂里，退可悠游山林间，因此奠定了此地独特的场所精神："既有皇城院落的尊贵，又有隐居桃园的质朴"。设计师确定此基调后，为后续景观设计明确了具体风格和设计思路（见图2-28）。

图 2-28 风格定位

2. 叙事手法串联动线，营造空间节奏变化

整个样板区地块面积将近3公顷，需要同时兼顾访客对5个样板间的参观以及丰富的景观游园体验，在这样一个不算小的场地里，如果用平铺直叙的前广场→样板间→公园的空间组织形式，显得过于乏善可陈。同时业主提出，需要在整个样板区公园内设置相对单一的引导性参观动线。综合以上问题，提出采用"访友·山水间"的主题，利用景观手法塑造空间的起承转合，在单一景观流线上营造空间的迂回流转，呈现一幕幕电影版分镜头般的场景。整个参观的动线是一个虚拟"山林访友"的过程，通过景观空间的开合塑造一段踏访经历："步入山门，源溪而上"→"世外精舍，别馆访友"→"内廊曲径，迂回流转"→"豁然开朗，畅游山林"，整个动线如故事般徐徐展开，访客在山水别墅间穿梭，在享受一段购房体验的同时，得到更好的景观体验（见图2-29）。

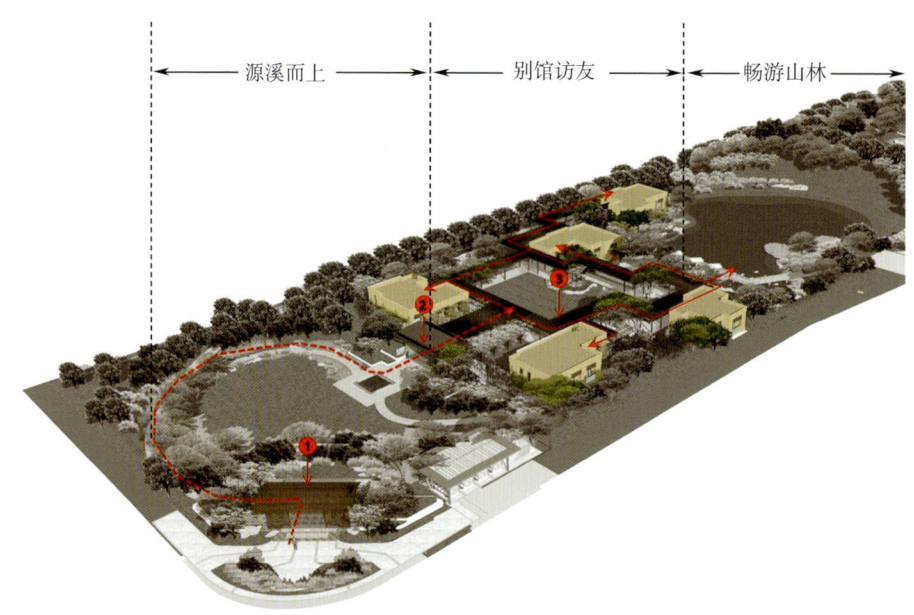

图 2-29　景观廊架串联流线

3. 廊架设计难点

明确了景廊架的设计定位和整体思路后,如何实现设计意图成为重点和难点。

1)需要通过廊架体现场所精神,既要有皇城院落的尊贵,又要兼顾隐居桃园的文人气质,这就要求廊架设计要在尊贵典雅的唐风重器和乡野质朴的茅庐草堂之间达到一种微妙平衡。因此廊架外形需要延续古典构图的比例尺寸,同时搭配文质的材料和理景空间,形成"尊贵"与"质朴"二者的有机合一。

2)本项目空间营造特点是用相对单一的参观动线,串联几重不同感受的景观空间,通过空间的开合、植物的营造、建构筑物的围合分割、场所理景的气质变化,自然的完成几重空间之间的氛围转换。在每一个场景中景廊架都对空间塑造起到关键作用。廊架的设置宜精不宜多,如何在关键位置设置廊架,使其恰如其分的成为关键性空间塑造节点,需要在设计过程中通过建立空间模型反复推敲。

3)廊架的设计要与各专业协调统一,由于本项目内庭院风雨廊架直达每栋单体样板间,廊架与建筑的接驳口,例如风雨廊与建筑出户台阶的衔接、风雨廊顶棚与建筑出户雨篷的搭接关系等,这些交口的处理成为重要问题。同时廊架设计要与地下综合管线、给排水、电器、结构等相关其他专业衔接配合,在整个廊架设计过程中,需要就各专业接驳口问题反复协调,共同完成整个设计工作。

二、图解廊架方案设计

1. 总体廊架方案阐述

结合景观动线,全院主要分为三层景观空间:第一层,全园入口区及前区花园;第二层,内院入口门廊及内庭院空间;第三层,后园湖景及后园其他景观体验区。结合三层景观空间,设计一套成体系景廊架,分别为入口区廊架(见图 2-30 注点 1),作为场地主入口提示空间;内院入口门廊(见图 2-30 注点 2),作为内庭院的入口标志,划分前区花园和建筑样板区内庭院,此处景观门廊是样板区庭院的门户,廊架形式应当相对隆重,起到统领场地和转换场景的作用;内庭院风雨廊(见图 2-30 注点 3),根据销售要求,风雨廊需要串联整个内院和直接通达 5 栋样板间单体,因此此处风雨廊架尺寸较大,作为营造内庭院景观的重要构筑物,需要通过风雨廊的设计来塑造空间的开合转换,在面积有限的内庭院形成多种不同空间体验(见图 2-30)。

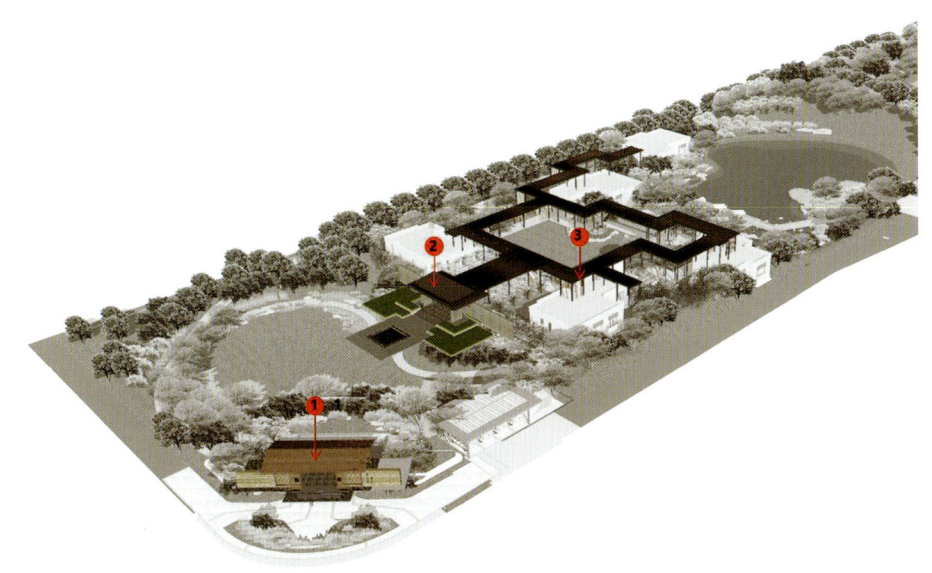

图 2-30 廊架方案鸟瞰图

2. 入口竹廊设计

全园主入口区的廊架作为场地门户,具有提示指引和限定领地的作用,入口门廊的风格也奠定了整体场地景观设计的基调。在设计过程中,设计师对入口处理方式曾做过多次尝试,有相对轻松的景墙结合绿化处理,也有形式尊贵隆重的厚重门廊处理,结果发现都不尽如人意。此处空间作为全园主要入口区,如果只做景墙绿化会显得过于轻薄,没有场所边界限定感;但如果入口形式做得过于厚重,此处的空间比例和内院入口门廊会不分伯仲,使得空间逻辑不清晰。同时本项目定位还需要呈现一定文人气质,不是一味地追求富丽堂皇,而文人气质的空间造景大都会有比较含蓄低调的前奏铺垫,不会在第一重空间就过于强势直白,因此最终把入口门廊定位为轻质竹廊结合石材景墙,既形成相对明确的场所门户限定,同时轻质竹廊的感官尺寸比内院入口的钢结构石材门廊轻巧,不会喧宾夺主。竹钢的材料特征也更具文人气息,结合周边的绿化种植,营造第一重低调内敛的景观入口空间(见图 2-31)。

在方案推敲过程中,建立工作模型是重要的辅助设计手段,能对空间尺寸有更直观的把控。此处竹钢廊架作为构成整个园区主入口的构筑物,要具备足够体量感又不宜过高,否则廊架底景种植难以遮挡廊架顶部,不利于打造遮挡的入口空间,所以廊架的立面形式应当更加水平延展。经过模型推敲,最终把廊架尺寸设计为 14000mm(长)× 5200mm(宽)× 3550mm(高),结合两侧景墙,形成向两侧伸展的水平构图,这种立面比例结合大悬挑廊檐的形式,又在一定程度上体现了汉唐建筑制式,结合竹钢的材料质感,使得入口廊架体现出文人古风的气质。在建立工作模型时,建议用严格精确的比例尺寸呈现 1 : 1 的设计效果,这样不但有利于外观尺度的评判，同时便于思考具体节点施工做法，例如设计的廊柱跨度结构是否能够实现，例如梁柱的具体搭接关系，例如一些节点收口的处理方式，需要在建模过程中有所考虑，避免为后续施工图绘制带来矛盾冲突（见图 2-32）。一个合格的景观设计师应具备方案设计和施工图绘制等综合专业技能，在每一阶段的工作都要为后续工作做好铺垫。

图 2-31　建立工作模型推敲尺寸样式

图 2-32　建立工作模型推敲细节

本项目的入口竹钢廊架从主体结构到装饰格栅均采用了竹钢材料，在设计过程中也是经过多种材料对比，最后确定使用这种材料。在最初设计定位中，已明确希望选用具有文化内涵和本土特征的材料来体现场所精神，相对于有现代气质的钢结构和混凝土结构，本土的自然材料更具有亲和力和东方文化特征。最初选择了天然防腐木或天然竹子，但由于西安的气候特征，这些天然材料在后期养护中容易开裂或变形，而且自然材料的天然刚性较差，不适用于作为大跨度构架的主体结构，因此选择放弃。最终选用了竹钢这种材料，竹钢是把原竹材料进行分解再加工,增强了本身的密度,原理上类似于复合木塑,但竹钢在加工过程中一定程度保留了原生竹的表皮肌理,甚至有些竹钢厂家可以在竹钢表皮上保留原生竹节的纹理,最大程度模拟了原生竹的材质风格,从而使得竹钢在自然风格呈现上优于人工化痕迹过重的复合木塑,加之其强于天然竹的刚度,使得竹钢材料在近几年的文化性建筑和景观上被逐渐推崇(见图2-33)。

图2-33 竹钢廊架的应用

3. 内院入口门廊设计

内院入口门廊是前区花园和样板区内院的过度空间,经过了相对放松的园林化景观前区,空间节奏需要在此处塑造一个小高潮,作为样板区内院的门户形象,此处的门廊形式应当更加端庄厚重,用钢结构模拟古代长安建筑的重檐结构,从比例尺寸到造型细节都更具备唐风重器的感觉,显示大宅气魄。门廊主体高5300mm,开间跨度6800mm,可以形成大尺寸框景空间,在入口门廊形成嵌套递进的视线关系,最终视点落在内院风雨廊的底景装饰格栅上(见图2-34),强化一点透视。为了增强尊贵感,在廊架和两侧配墙钢结构上干挂了米黄色花岗石立面,石材在众多面层材料中最容易体现出厚重感和品质感,用在入口门廊处起到点睛作用,烘托出古风大宅的韵味。

图 2-34　建立工作模型确立入口门廊的尺寸样式

在门廊的细节处理上,提取了古代汉中地区重檐、墀头、斗拱等特色建筑符号(见图 2-35),运用现代景观语言抽象再现,使廊架在精细处体现场所文化特征。在许多强调文化背景的景观设计中,除非是完全仿古的设计,否则景观构筑物如果直接搬用古代建筑或园林的设计符号,会显得过于突兀,因此通常对传统符号进行抽象提取,转化成现代的设计语言和材料来表达。

图 2-35　汉中传统建筑符号

4. 内院风雨廊设计

样板区的核心景观是由 5 栋单体样板间围合的内庭院，在最初拿到设计时，甲方仅提供了 5 种销售户型的平面，需要景观在园区中选定合适位置布置单体，要求到达每栋建筑交通便捷，通道能遮风避雨，同时打造比较优美的庭院化室外空间。因此需要集中设定一片样板间展示区，既要有相对舒朗的空间来营造室外景观，又要保证每栋单体之间的步行距离不能过长。景观把核心样板区设置在穿过花园前区之后的占地面积 3000m² 左右的空间上，每栋建筑之间距离不超过 30m，单体之间通过景观风雨廊连接，这样既能围合出相对宽敞的室外庭院，又能保证每栋建筑可达便捷性。同时通过景廊架的空间转折和立面开合，对游览视线进行阻隔或引导，结合周边植物组景等搭配设计，在有限的空间中，形成一个有开敞有密闭，有核心有边缘，有前景有底景，有通达有转折，步移景异的丰富室外空间，如图 2-36 所示。

图 2-36　内院风雨廊

在本项目的风雨廊设计中，对空间的营造尤为重要，要通过廊架的设计体现出空间的主次和层次递进关系，因此最终设计的廊架空间如图 2-37 所示，用风雨廊围合出最主要的开敞中心庭院（绿色区域）；通过廊架的转折变化形成边缘小空间，打造不同主题性半私密庭院（粉色区域）；其中内院门户景观（黄色区域）、内院中心景观（浅绿色区域）、内院底景（深蓝色区域），后院的湖面景观（浅蓝色区域），形成层层递进的空间层次关系；周边绿化底景（深绿色区域）作为场地边缘界定，多重空间综合打造了一个从入口的蓄势铺垫→中心庭院的豁然开朗→内院底景的通而不透→边缘庭院的曲折迂回→柳暗花明的后院景观→最终延伸到自然山水间的丰富变奏曲（图 2-38~图 2-40）。

廊架的基本空间结构为双排立柱的双面空廊，巧用风雨廊的立面装饰格栅进行视线引导，结合周边景观，形成框景、对景、障景等不同趣味感受（图 2-41~图 2-44）。

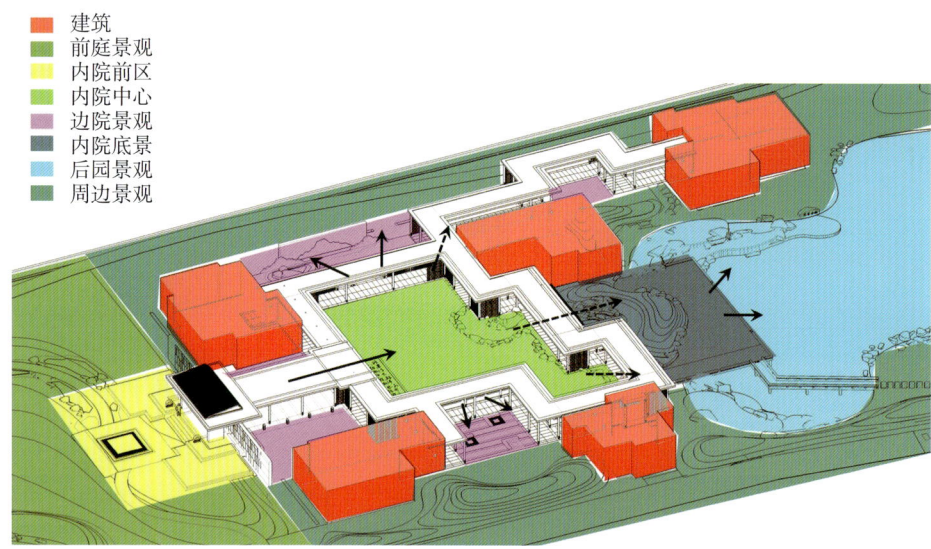

图 2-37　利用廊架形成多重空间

图 2-38　建立工作模型推敲空间

图 2-39　利用廊架格栅形成空间底景

图 2-40 曲折廊架形成特色小空间

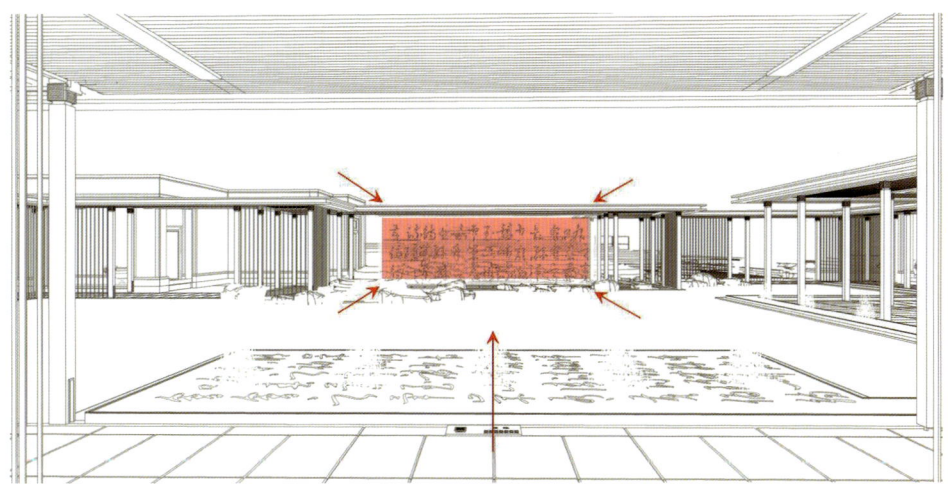

图 2-41 利用廊架格栅收束视线

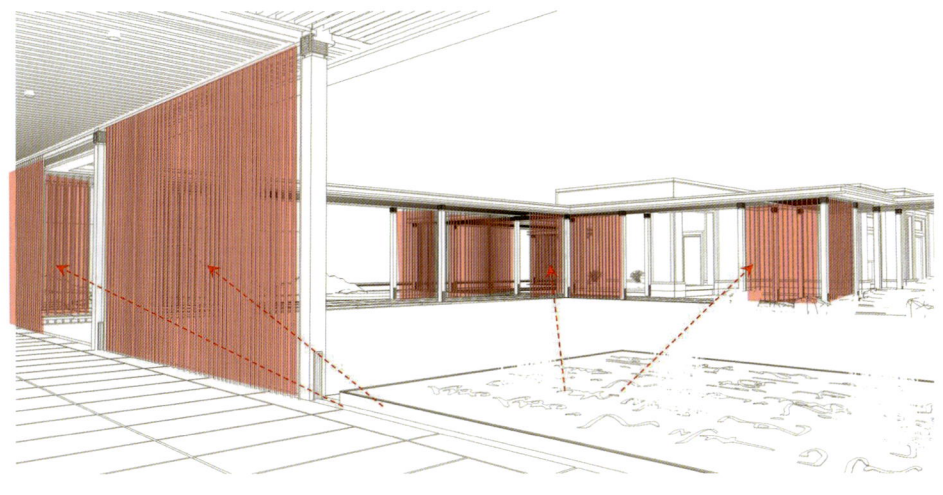

图 2-42 利用廊架格栅形成空间开合

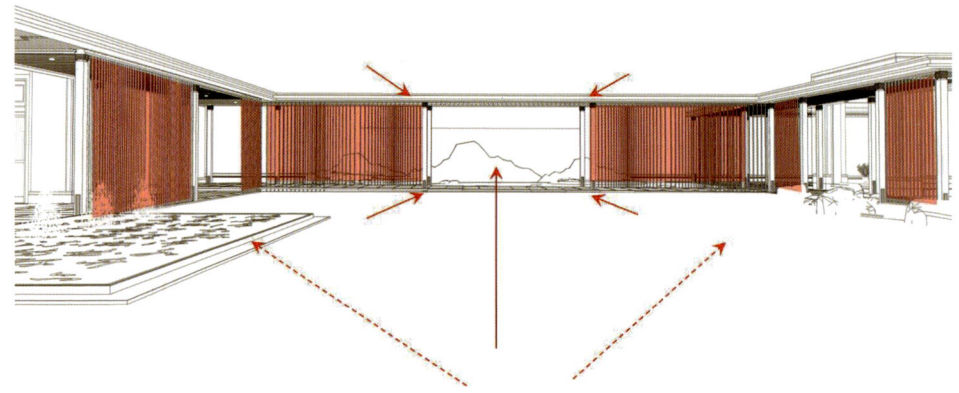

图 2-43 利用廊架格栅形成视线框景

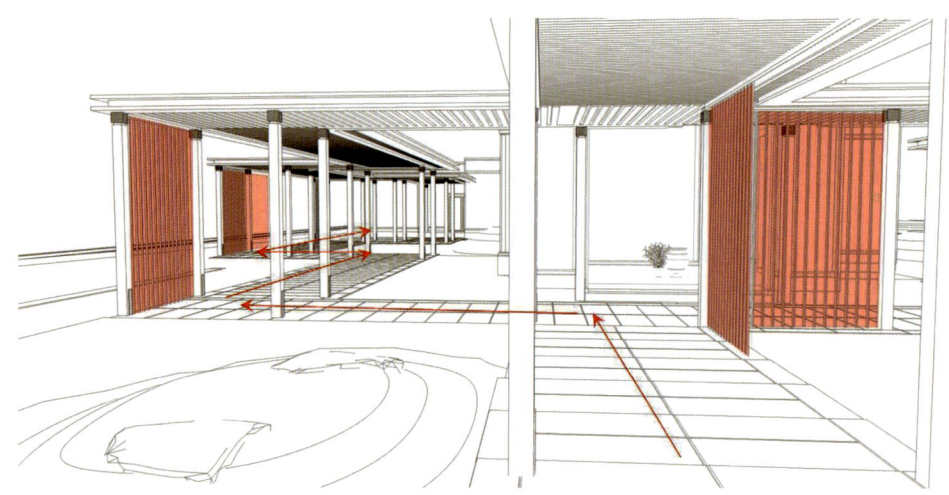

图 2-44 利用廊架格栅形成视线转折

在廊架立面风格上力求简洁，由于本项目风雨廊廊架本身体量较大、空间较长，如果立面做得过于厚重会造成空间的闷堵和压迫感。为了体现场所文化气质，廊架在造型制式上借鉴了唐风木作连廊风格，即水平开间较大，采用平顶重檐以及出挑的檐口，这些制式赋予了风雨廊唐风古韵。除此之外，廊架风格均以简洁为主要原则，廊架高度3500mm，净空3100mm，采用200mm×200mm方钢立柱，跨距平均在6000mm左右，主体风格为裸露钢结构，廊架喷深咖色饰面漆，立面竹钢装饰格栅只设定在必要跨段，来满足空间营造的视线需求，其他位置全部敞开增加通透感（见图2-45）。

完成了空间设计和立面形式设计后，需要对廊架细节仔细推敲。在景观设计中，所有室外廊架都是近人尺度，细节的精细程度最能体现一个设计的品质感。本项目风雨廊除了沿用唐风连廊的平屋顶和重檐口，整体设计风格相对简洁。单简洁并不等于无设计，在柱头柱脚的处理上加入了设计细节，柱头在钢结构加工时通过凹槽分出柱头形式，在柱头钢结构表皮四面粘贴仿铜金属项目LOGO，柱脚在廊内侧朝向开设灯槽，内装灯源面层亚克力面板封口，既能增加柱脚细节还能兼顾夜景亮化，这样的精细化处理，不影响整体立面风格的简洁感，立柱的三段式样式又能体现古典感和设计细节（见图2-46）。

图 2-45 廊架风格古典简洁

图 2-46 柱头柱脚细部

三、图解廊架施工图设计

在廊架施工图绘制过程中,需要比方案阶段思考的更加全面、更加落地,做好各配套专业协调工作,同时会暴露和解决很多在方案过程没有发现的问题,以本项目廊架为例,阐述廊架施工图设计中的关键注意点。

1. 廊架平面与场地小市政综合管线落位关系

绘制廊架平面时要叠加场地综合管线图(即场地中的地下市政配套管道),廊架柱点和地下基础的落位要躲避地下管线。

2. 廊架场地竖向设计

除非特意设计架高或下沉廊架空间,一般廊架和周边场地是平接关系,廊架竖向追随场地竖向。对于廊下地平自然找坡的处理方式,常用做法是廊架顶平面保持水平,通过立柱的长短调整来衔接场地标高变化。但对于尺度较长的景廊架,尽量避免廊下空间的竖向坡度过大,这样会导致同一界面景廊的两端立柱长度变化过于明显,影响立面效果(见图2-47)。所以在设计有廊架的场地竖向时,需要结合廊架立面定义竖向坡度,本项目设计内庭院风雨廊下竖向时,对于单向找坡的场地,两端立柱地平高差均小于10cm,坡度为0.3%~0.5%,这种高差是肉眼可略的(见图2-48)。如果遇到场地竖向必须采用较大坡度的情况,就要对廊架的形式重新推敲,可以通过梯级形式处理高差。

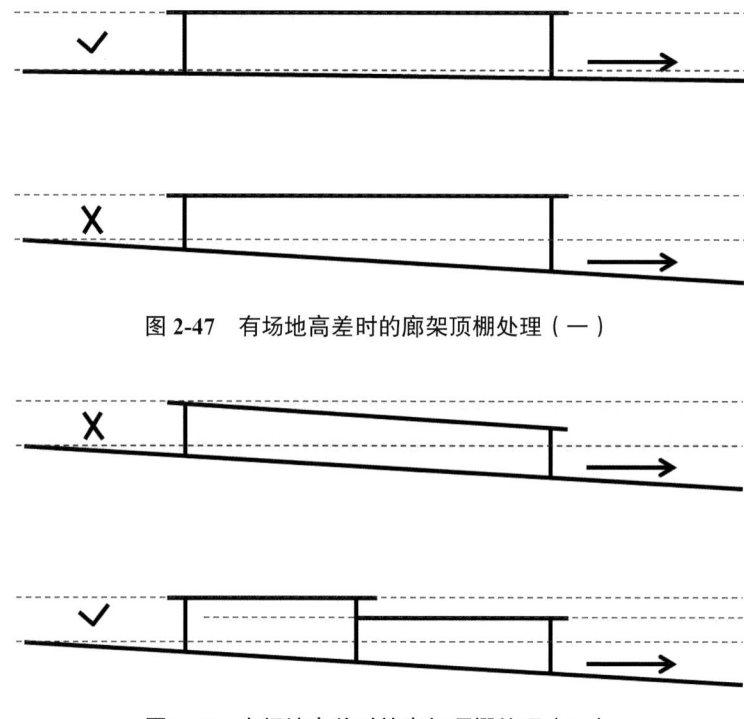

图2-47 有场地高差时的廊架顶棚处理(一)

图2-48 有场地高差时的廊架顶棚处理(二)

3. 与建筑出入口接驳关系

业主需要本项目设计景观风雨廊,通过室外连廊直接进入建筑室内,因此需要处理廊架和建筑的接驳关系。项目的5栋样板间落位和建筑专业有几轮往复沟通,先是景观从方案层面在平面上布局,甲方确认方案后需要由建筑专业设计单体样板间,再把样板间平面图精准落到总平面图上,作为廊架施工图绘制的基础条件(见图2-49)。景观风雨廊在平面

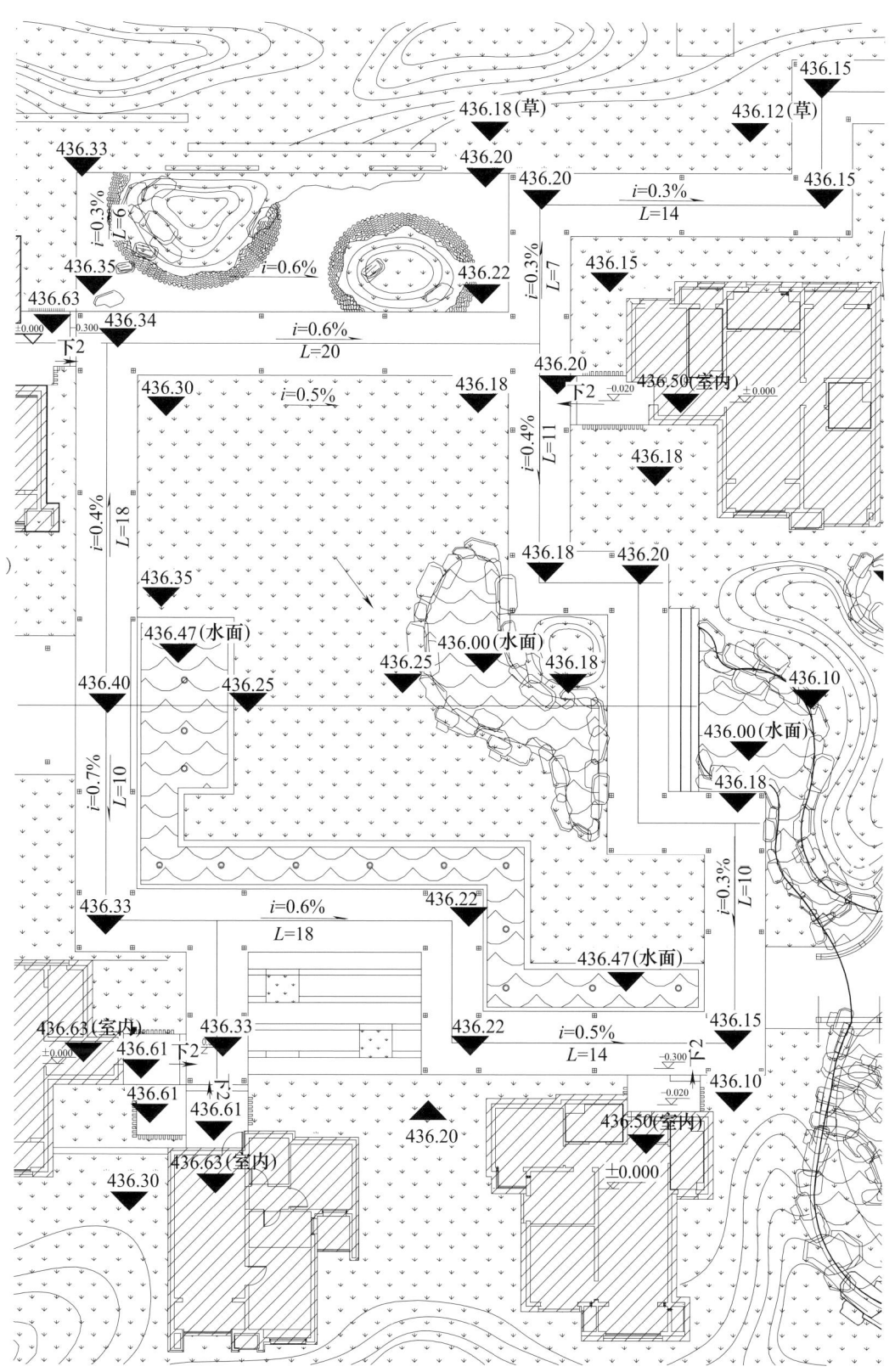

图 2-49 建筑各部分竖向示意图

柱子布点时，要综合考虑和建筑出入口的对位关系，门廊中线尽量处于两个立柱中间。立面上要考虑檐口和建筑的衔接方式，一般景观单体廊架不会直接和建筑立面生根，会造成交接面不清晰和施工困难。如果建筑本身设计有大悬挑屋面或者入户雨篷，廊架可延伸到建筑避雨结构下方，形成上下搭接关系。而本项目的建筑单体没有大悬挑屋面或建筑雨篷，因此需要景观设计出户雨篷，综合考虑建筑雨篷和景观风雨廊的搭接关系，景观图纸对建筑雨篷控制到外观尺寸和材料选型，而具体和建筑连接的结构做法可返给建筑专业深化（见图 2-50）。

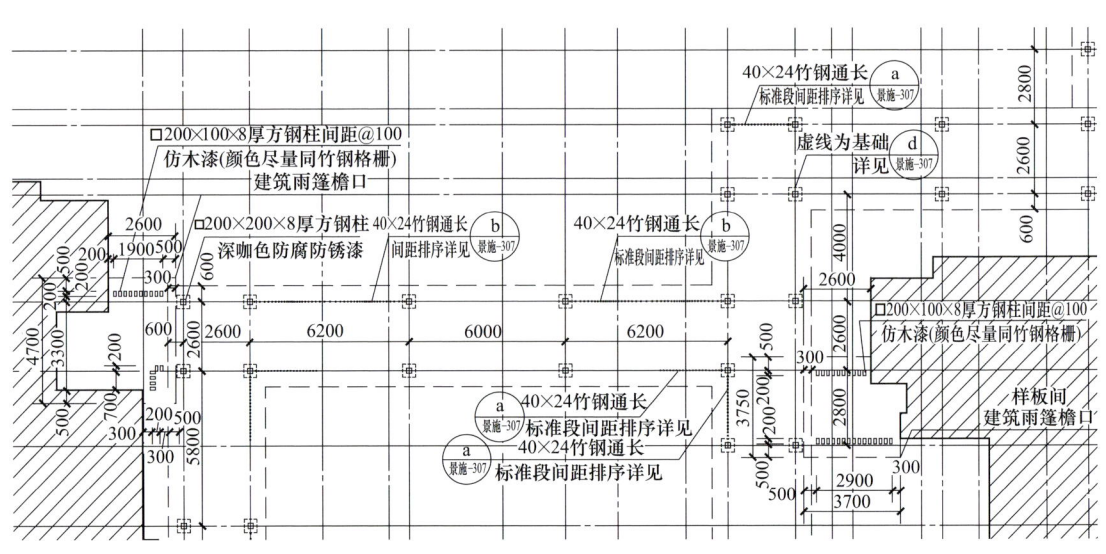

图 2-50　廊架与建筑雨篷搭接关系的工作模型和施工图

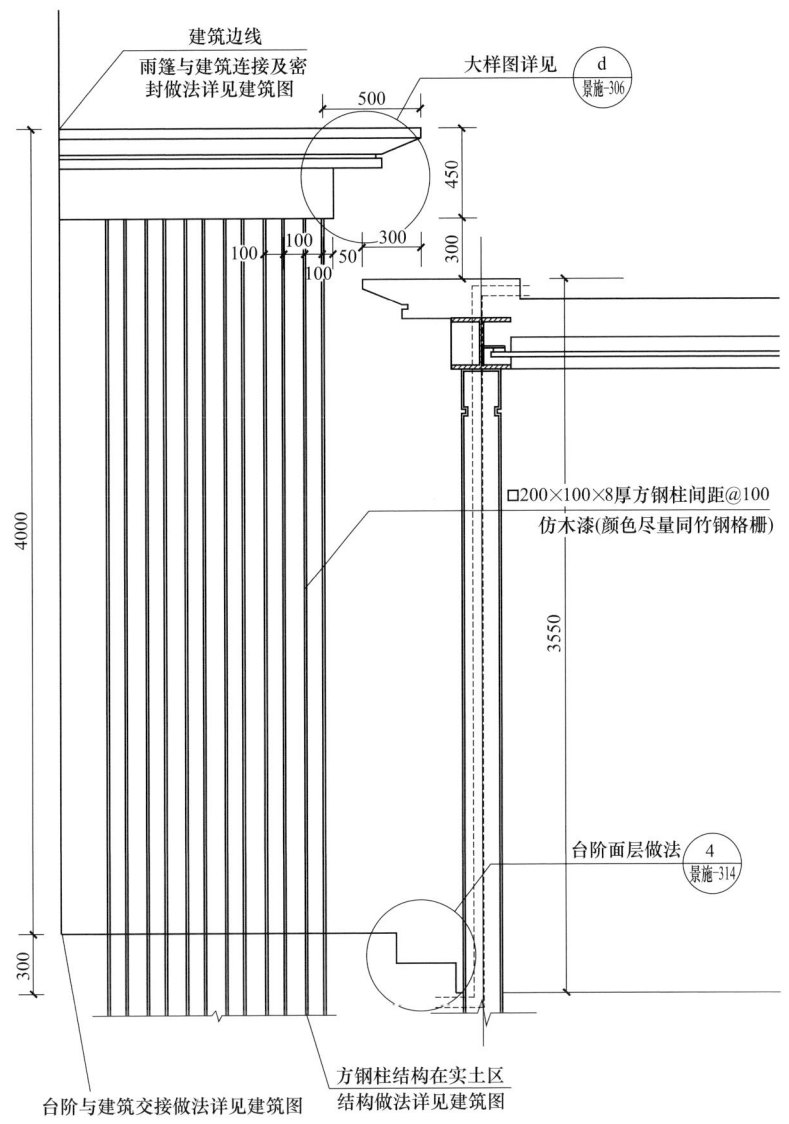

图 2-50　廊架与建筑雨篷搭接关系的工作模型和施工图（续）

4. 廊架主体结构做法及基础做法

入口竹钢廊架：竹钢作为一种新型复合材料，其刚性能满足作为廊架主体承重结构的要求，主体竹钢结构和其他装饰竹钢配件均通过金属连接件钉牢，此种结构做法也常见于木制廊架中（见图 2-51）。设计师通过和专业竹钢厂家沟通，由对方提供了较为成熟的竹钢参数和节点做法，询问专业厂家是帮助设计师更好了解某种材料的快捷方法。

内院钢结构风雨廊：景观设计师根据空间需求大致明确廊架的高度、净空、柱距、柱宽及檐口悬挑尺寸后，需要与结构工程师进行沟通，以确保结构的可行性。本项目由于要制造通透轻盈感的风雨廊，因此立柱需要尽可能少，基本在 6000~8000mm 的跨度，因此对风雨廊顶部钢梁的规格要求较大，根据结构提出的钢梁规格需要调整檐口厚度，这是一个景观与结构相互协调往复的过程。在景观基本完成平面图、立面图及剖面图绘制后，提供给结构专业进行廊架主体结构和基础结构的深化设计。

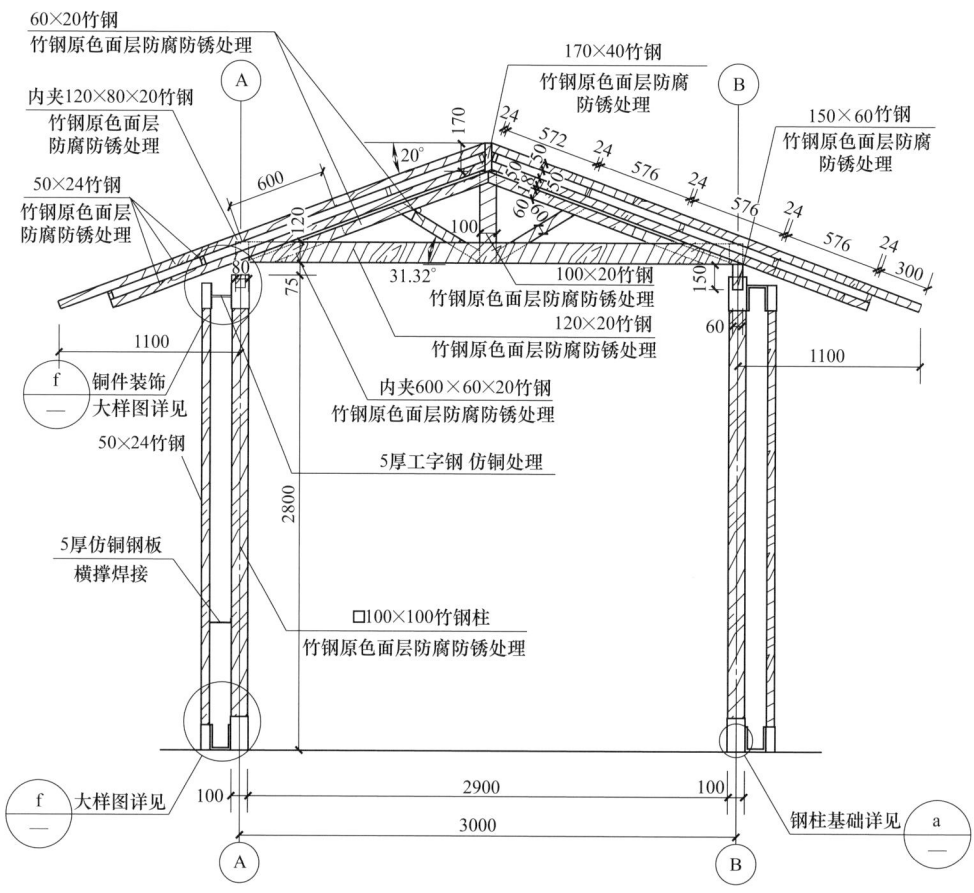

图 2-51 廊架主结构

廊架的基础做法：廊架的基础可根据主体结构选用点状基础或条形基础，基础分为基础主体结构（钢筋混凝土）、垫层（素混凝土和灰土/砂石层）、夯实层，一般要求垫层深度需要在当地冻土深度以下，以防止土壤冻胀对基础的影响（见图 2-52）。

5. 面层选材及安装方式

入口竹钢廊架：竹钢材料既是主体承重结构又作为外露表皮，材料表面仅刷清漆涂料做防腐防锈处理，这种手法多用在需要呈现材料原始质感和色彩的设计上。

内院钢结构风雨廊：钢结构既是主体承重结构又作为外露表皮，廊架根据整体设计色彩定位，将钢结构表面刷深咖色氟碳漆做防腐防锈处理，局部立面搭配竹钢装饰格栅，廊架屋面用厚钢板焊接成型连接于主体结构上，廊架屋面钢板与立柱钢结构喷同色氟碳漆（见图 2-53）。

内院入口门廊：主体结构为钢结构，为体现入口庄重感在钢结构外层做石材贴面。常规做法是钢结构以干挂方式连接石材面层(即通过金属连接件，把每块石材挂于主体结构上)，而本项目由于面层石材规格细碎，不便于石材逐块干挂，因此在钢结构立柱外侧加砌砖墙，通过用水泥砂浆湿贴的方式粘贴石材面层（见图 2-54）。

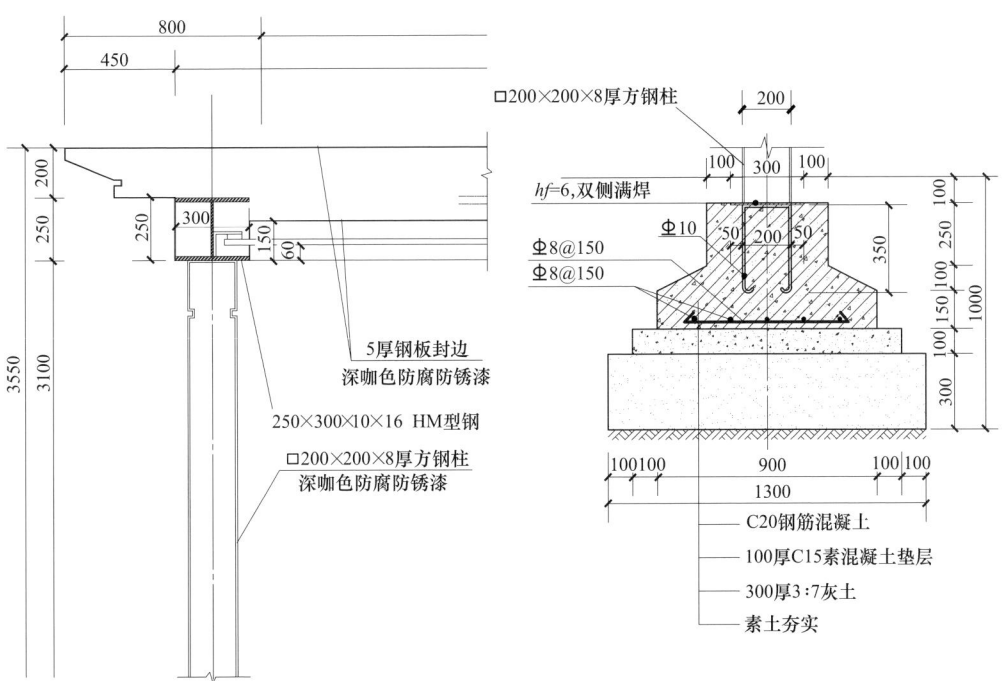

图 2-52　钢结构风雨廊的主体结构及基础做法图纸

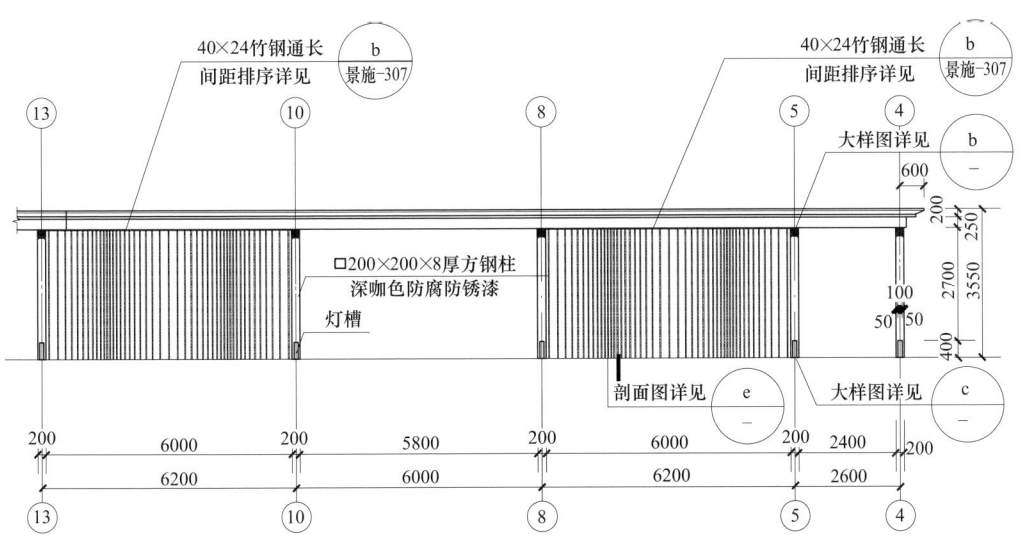

图 2-53　钢结构风雨廊的面层做法图纸

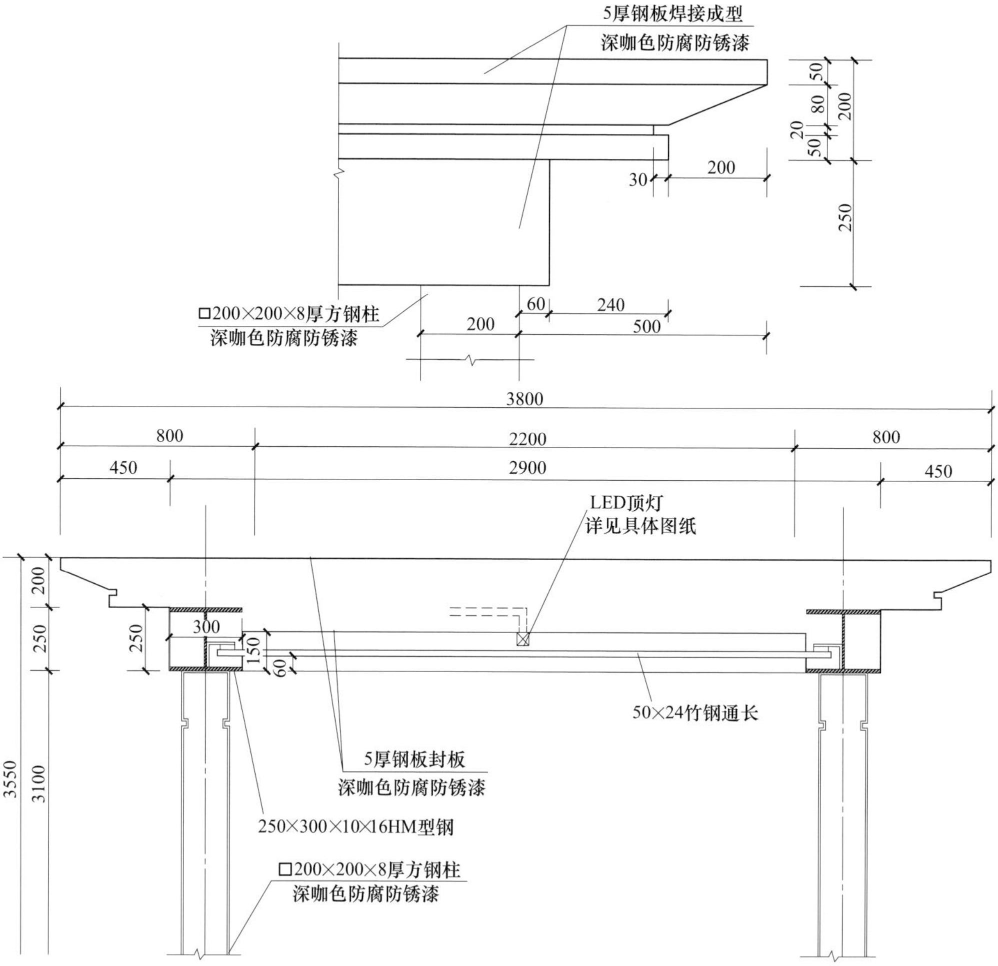

图 2-53 钢结构风雨廊的面层做法图纸（续）

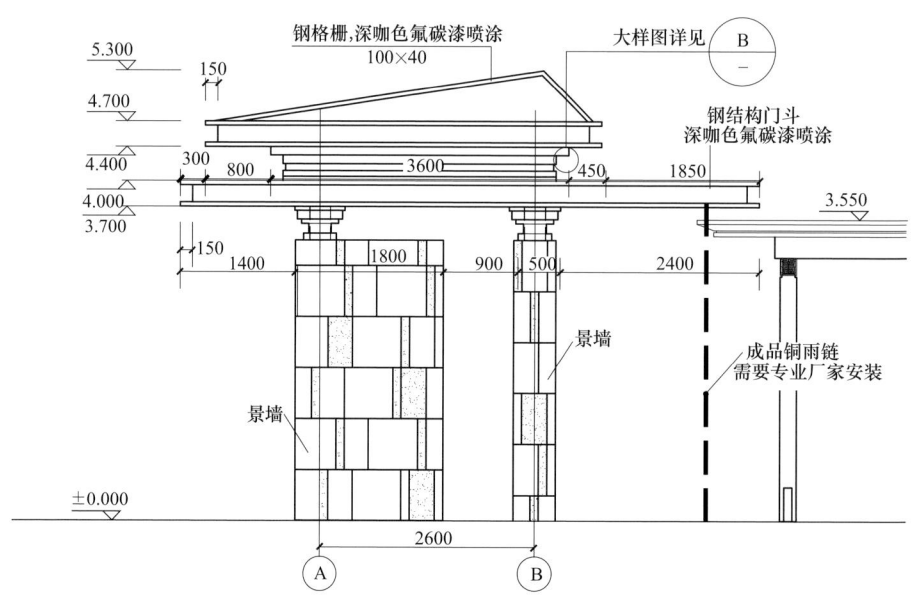

图 2-54 内院入口门廊的面层做法图纸

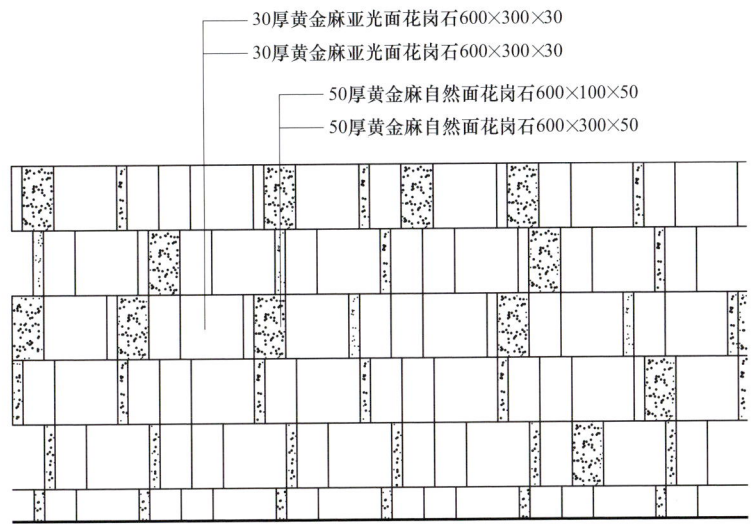

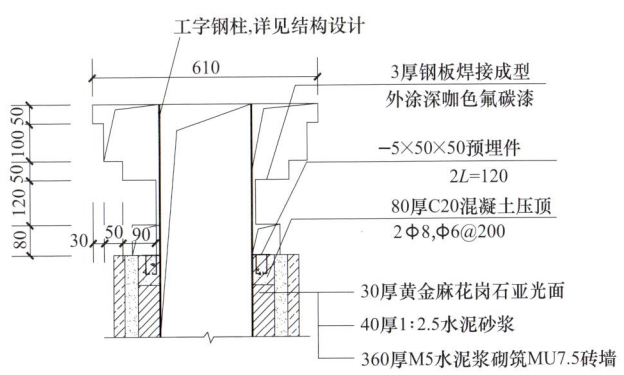

图 2-54　内院入口门廊的面层做法图纸（续）

6. 装饰格栅及安装方式

装饰格栅施工图绘制要考虑长度、横截面、间距、安装方式等，一般天然木或竹子由于刚性限制，小于 50mm×50mm 的横截面，在 2m 以上长度会发生挠曲变形，而增大横截面会削弱廊架立面的通透轻盈感。本项目风雨廊采用竹钢作为装饰格栅，竹钢本身刚性较强，通过和专业厂家沟通，明确 3m 长的竹钢格栅，用 20mm×50mm 的横截面能保证竹钢不挠曲。竹钢格栅的安装方式是用竹钢龙骨连接单根格栅，再用金属件与廊架主体钢结构连接（见图 2-55）。

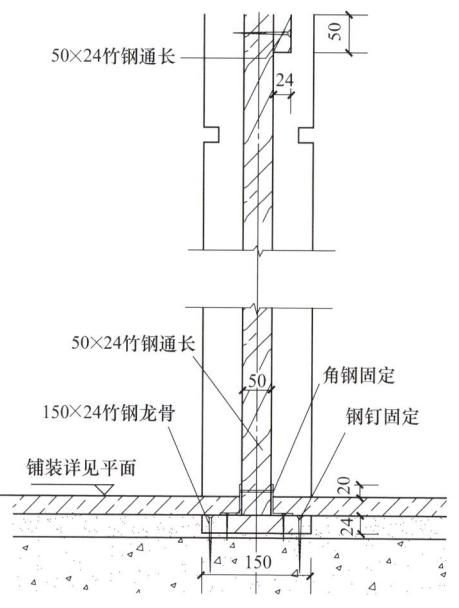

图 2-55　装饰格栅的工作模型、施工图及现场施工照片

7. 廊架吊顶处理

吊顶作为廊下重要的近人尺度观赏面，需要经过精细设计。一般多采用通透式处理方式或选用有温暖质感的材料装饰。本项目采用和立面格栅一致的竹钢作为吊顶的装饰格栅，起到遮挡廊架顶部钢板、增加场所温暖感的作用（见图 2-56）。

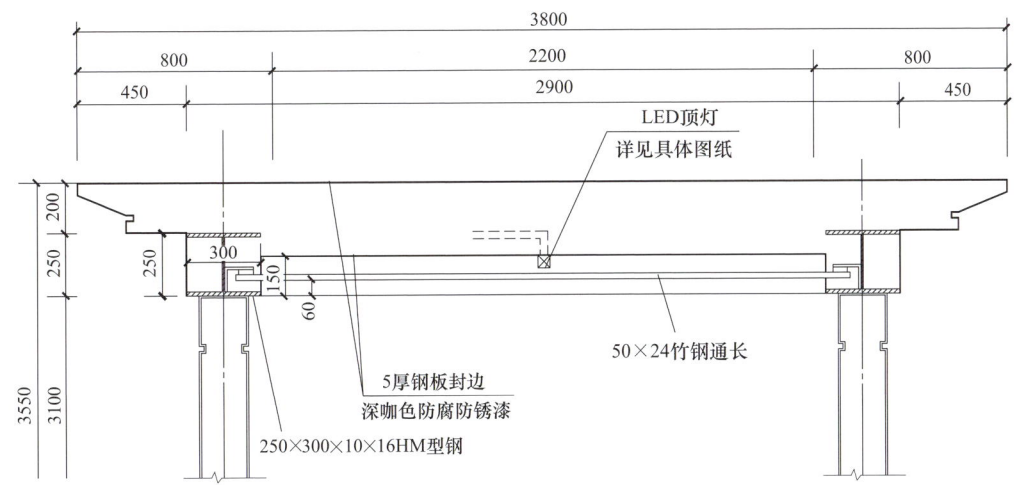

图 2-56 廊架吊顶

8. 实顶廊架顶面处理

廊架顶面分为通透式和封闭式，作为封闭式顶面的廊架，顶面材料可选用玻璃、金属板、混凝土板、涂料、石材等，如果廊架周边有高观赏点，例如高层建筑围合的小区廊架，人视角可以看到廊架顶面，那么顶面就要精细化处理，本项目周边没有高观赏点，因此风雨廊顶面用金属钢板简单喷漆，这里不做赘述。

9. 实顶廊架屋面排水方式

本项目入口竹钢廊架为镂空廊架，不涉及屋面排水方式。内院入口门廊和内院风雨廊为了满足避雨功能均为实顶，所以要在施工图绘制中考虑屋面排水形式（见图2-57）。一般廊架屋面排水方式分为无组织散排、有组织通过排水管排水、有组织利用装饰落雨链排水等几种方式。本项目内院入口门廊采用落雨链排水方式，廊架屋面单侧找坡，在低点设置洞口连接铜雨链，将雨水导入地面，这种组织排水方式能肉眼看见水流，但由于雨链是唐制古典民宿的装饰构件，因此结合门廊的唐风廊架风格，强化文化韵味（见图2-58）。内院风雨

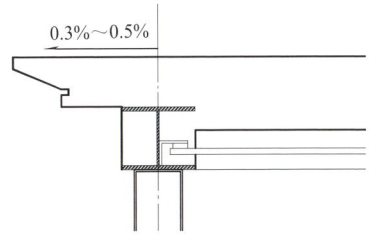

图 2-57 廊架屋面无组织排水

廊为钢结构，屋面也用金属板封闭，屋面长边单向找坡，在屋面转角处设置低点，通过雨水管导入地面，一般廊架落水管管径不小于100mm，可以通过内埋方式从钢结构或者混凝土结构立柱走线导入地面或地下（见图2-59、图2-60）。

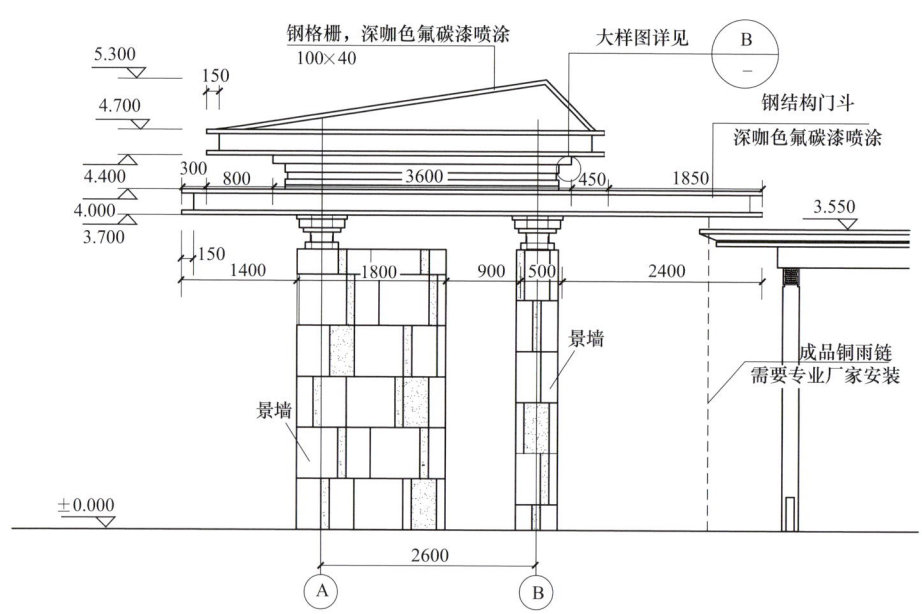

图2-58　廊架屋面有组织排水——雨链

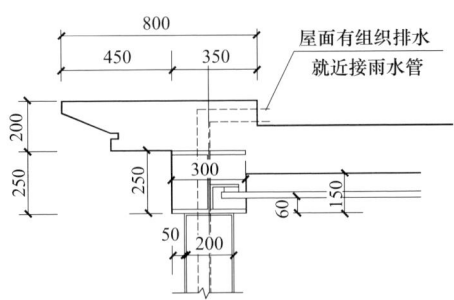

图 2-59 有组织排水——暗藏雨水管

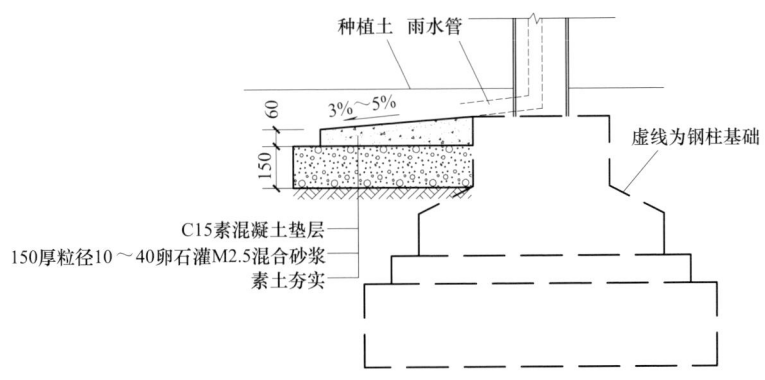

图 2-60 有组织排水——雨水管接地下散水

10. 廊架照明亮化方式

廊架在景观设计中作为较大尺寸构筑物，需要专门考虑其亮化方式。一种方式是通过在廊架周边设置基础照明照亮廊架，例如庭院灯、草坪灯、投射灯、埋地灯等，另一种方式是在廊架本体设置发光源，例如吊顶灯、侧壁灯、檐口灯、柱头灯、柱脚灯等，本项目风雨廊采用吊顶灯（见图 2-61）和柱脚灯（见图 2-62）的照明形式。由于这种亮化方式设置于廊架主体上，所以在进行廊架施工图绘制时需要与电专业沟通配合，包括明确灯具选型、灯具照度、布灯点位、走线方式等。

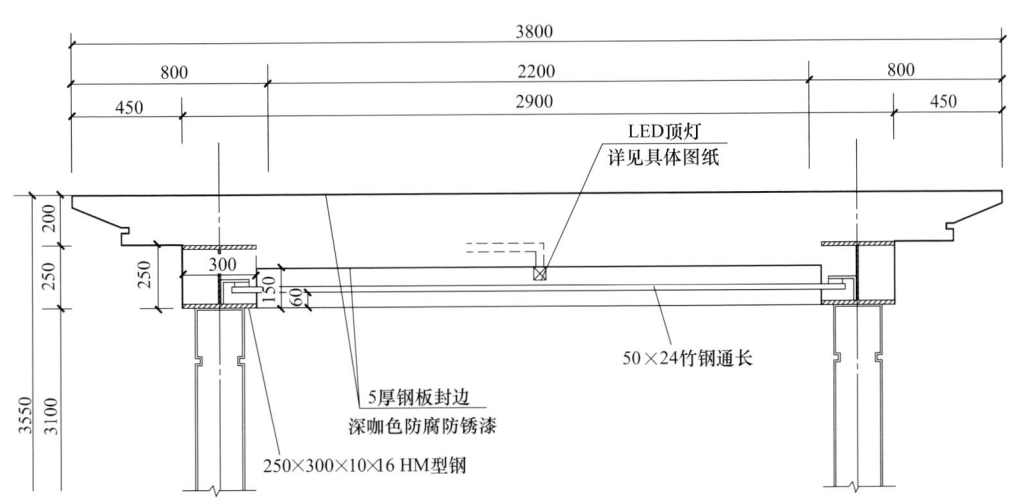

图 2-61 廊架吊顶亮化设计图

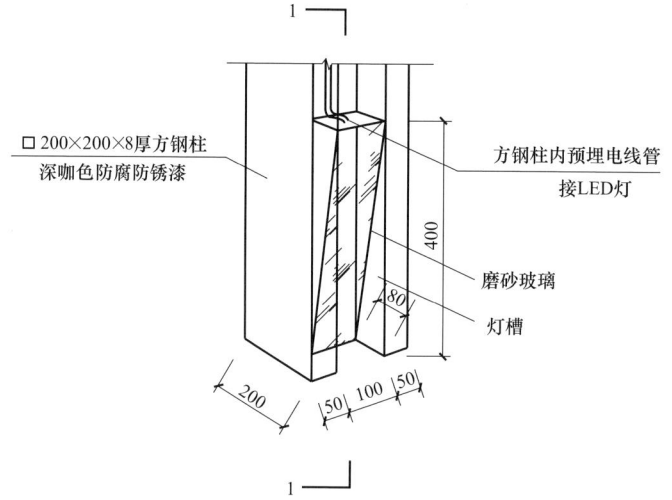

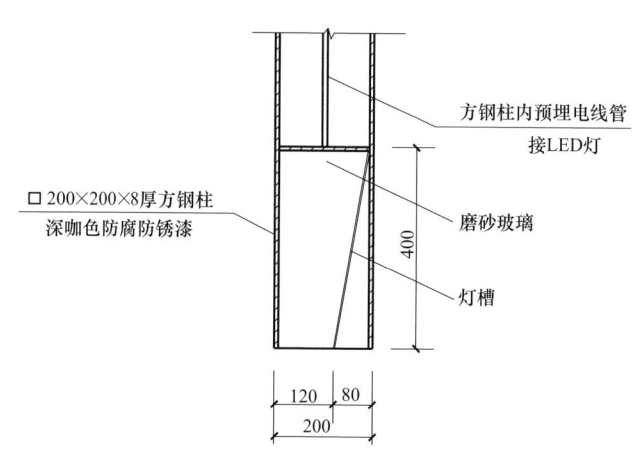

图 2-62　柱脚亮化设计图

四、图解廊架施工流程

廊架施工的整体工艺流程包括材料准备、定位放线、基础开挖、基础施工、预埋地下管线、主体结构施工（立柱施工→梁板施工→顶棚施工）、主体结构预埋管线、主体面层施工、装饰构件施工、预埋管线收口等。根据不同项目的具体特点，也可能出现某些步骤并行推进的情况。

1）材料准备：包括准备结构材料、面层材料、装饰构件及需要工厂特殊加工的成品构件。

2）定位放线：在平整场地、预埋管线、平整夯实之后，进行廊架的定位放线，定位放线是为了定位廊架柱网在场地中的位置，以便后续做柱基础施工（见图2-63~图2-65）。

3）基础施工：在网格定位柱基础点开挖土穴，进行垫层和基础结构主体的浇筑工作。如果前期小市政预埋管线没有明确定位条件，致使廊架施工图不能提前合理避让，而在现场开挖土方时发现廊架与现状地下管线冲突，此时应该由业主、设计方、施工方三方协商解决方式，方可施工。

图 2-63　平整场地

图 2-64　预埋小市政管线

图 2-65　廊架定位放线

4）主体结构施工：在完成地下基础施工后，进行地上主体结构施工。钢结构主体需要在结构完成后做防腐防锈处理，混凝土结构主体需待混凝土干透之后方可进行后续面层施工。此阶段如果涉及廊架主体的水电穿管走线工作，需要同步施工（见图 2-66~图 2-72）。

图 2-66　廊架竹钢龙骨搭接

图 2-67　竹钢龙骨搭接细节

图 2-68　廊架钢筋混凝土柱浇筑

图 2-69　廊架钢筋混凝土立柱浇筑细节

图 2-70　廊架配墙砖混结构砌筑

图 2-71　内院钢结构风雨廊主体结构施工

图 2-72 风雨廊主体结构细节

5）面层施工：待主体结构完工后，进行面层施工。干挂工艺通过干挂件将面层材料挂于主体结构上，湿贴工艺在主体结构上涂抹砂浆找平，之后用黏性砂浆将面层材料贴于找平层上。（见图 2-73~图 2-75）

图 2-73 湿贴面层前的砂浆找平

图 2-74 用砂浆粘贴石材面层

图 2-75 入口门廊立面石材完成效果

6）装饰构件施工：进行非主体结构的其他装饰构件安装工作，例如檐口装饰、柱头柱脚装饰、吊顶装饰、立面格栅装饰（见图 2-76~图 2-85）、灯箱等。

图 2-76 竹钢廊架安装顶部格栅

图 2-77 风雨廊安装立面装饰格栅

图 2-78 风雨廊安装吊顶装饰格栅

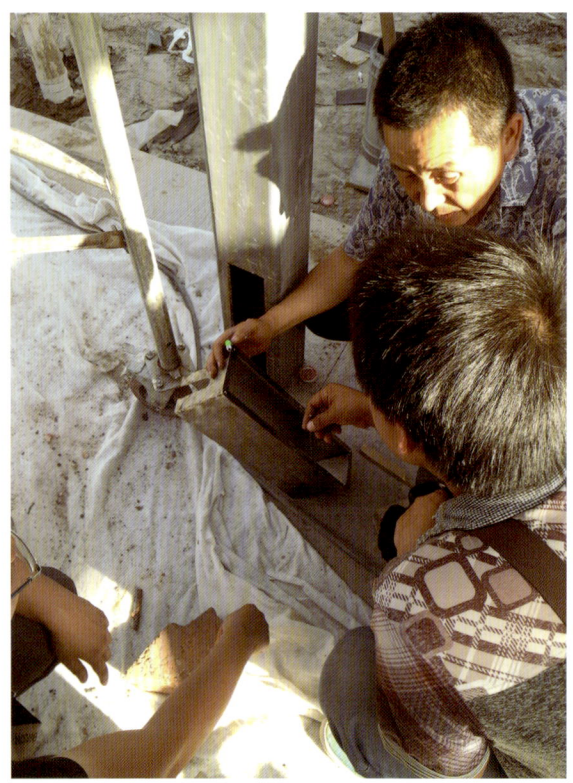

图 2-79 现在安装柱脚灯槽

图 2-80 柱脚灯槽安装完毕

图 2-81 现场认样确认竹钢材料刚性　　　图 2-82 现场感受竹钢廊架空间尺度

图 2-83 调整干挂石材　　　图 2-84 廊架对景空间　　　图 2-85 现场解决竹钢

上文通过对具体案例的图解，对廊架从方案生成、设计深化、施工图表达、施工现场把控等方面进行了较详细的阐述，希望借此方式，向年轻的景观设计师较为直观和完整地介绍廊架设计流程，本文仅为抛砖引玉，需要设计师在日常设计中不断学习和积累经验，以应对各种不同的设计需求。

第三章 景 桥

第一节 景桥历史概述

  纵观古今园林发展历程，中西方在桥梁景观美学上有着截然不同的风格和特色。中国桥梁景观美学，不同时期也受到南北方不同地域文化影响，皇家园林景观和私家园林景观中呈现出风格迥异、形式多样的景观桥；而西方景观美学因不同的历史发展阶段，古典时期、中世纪、文艺复兴时期，以及不同地域宗教文化，使得桥梁景观美学也有诸多差异。中西方桥梁景观美学由于在不同的哲学理念下形成，两者形式、风格差别还是十分明显的。

  中国古典园林和桥梁的历史发展在近现代时期由于时代、经济、技术、政治的影响无可避免地出现大致同步的发展过程。

  早在公元前 20 世纪，尧舜禹时期就已出现河流中的垒石堆土，在后来的园林景观中演变成为"汀步"或"蹬步"，如图 3-1 所示。湖南省永丰蹬步就是现存的古代原始桥梁之一。这种形式至今仍常见于现代园林景桥中。

a）　　　　　　　　　　　　　　　　　　　b）

图 3-1　蹬步和汀步

a）湖南省永丰蹬步　b）现代汀步

商周时期是浮桥的创始时期。《诗经·大雅·大明》记载："亲迎于渭，造舟为梁"。所记载的是周文王姬昌在渭河建造的浮桥。浮桥很少用于园林景观中，但后至明代也有浮桥用于皇家园林的古籍记载。

秦汉建筑宫苑和私家园林都有了大量建筑与山水相结合的布局。园林的功能也逐渐以游赏为主。园林中的桥梁也就不只是连接交通这一作用，同时也有划分水面，作为观景点进行游赏，与建筑组合映衬山水以显其美。这一时期园林景桥的类型趋于丰富；有木平桥和桥面弯曲的木梁柱桥（见图 3-2a）；石板桥和石拱桥；汀步石也常用于皇家园林。皇家园林中出现了木结构复道，与建筑相连，跨峡谷河间，供天子所用。除此之外，桥梁装饰艺术也发展起来，更具观赏性。景桥首设华表，有木制和石制两种。秦代为商贸迁移发明了栈道。《史记》中蔡泽对范雎曰："君相秦，栈道千里，通于蜀汉"。由于栈道为木结构，绝大多数古代栈道均已毁坏，只留下石壁上的"石穴"。

西汉的造园活动以打造皇家园林为主。长安城的宫殿群建筑中出现了很多复道，建章宫就是其中之一（见图 3-2b）。建章宫建于汉武帝太初元年（公元前 104 年），北为太液池。《史记·孝武本纪》载："其北治大池，渐台高二十余丈，名曰太液池，中有蓬莱、方丈、瀛洲、壶梁象海中神山，龟鱼之属。"太液池是一个相当宽广的人工湖，因池中筑有三神山而著称。复道穿梭于峡谷河溪上，与建筑相连气势雄伟，为天子专用因而只用于皇家园林。

图 3-2a　秦汉时期世界最大木梁柱桥梁

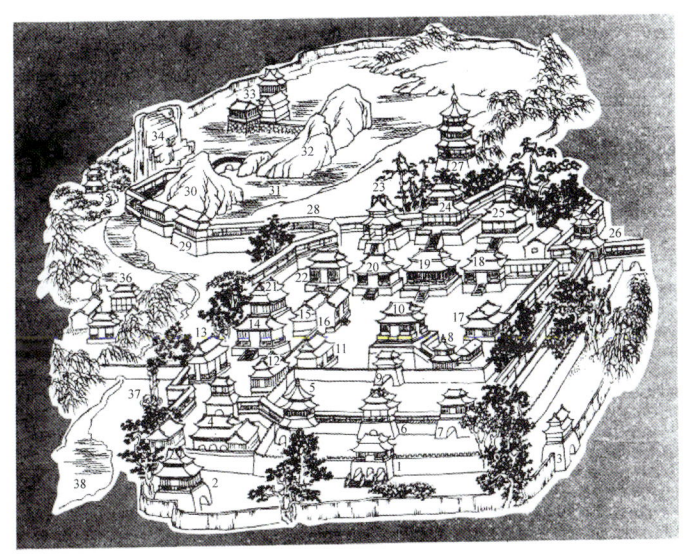

1—壁门　2—神明台　3—凤阙　4—九室　5—井干楼　6—圆阙
7—别凤阙　8—鼓簧宫　9—娇娆阙　10—玉堂　11—奇宝宫
12—铜柱殿　13—疏圃殿　14—神明堂　15—鸣銮殿　16—承华殿
17—承光宫　18—兮指宫　19—建章前殿　20—奇华殿　21—涵德殿
22—承华殿　23—婆娑宫　24—天梁宫　25—饴荡宫　26—飞阁相属
27—凉风台　28—复道　29—鼓簧台　30—蓬莱山　31—太液池
32—瀛洲山　33—渐台　34—方壶山　35—曝衣阁　36—唐中庭
37—承露盘　38—唐中池

图 3-2b　建章宫平面图

西汉南越国在广州市中心的宫廷园林遗址的实物遗存显示，水景为苑中主要景观，石渠和大水池为苑中主体部分，石渠西端有石板平桥一座，由两块巨大石板拼合，桥头有 9 块汀步，呈月牙形排布，间距0.6m。在遗址中石板桥和汀步的遗迹清晰可见。石桥桥形为直线，无栏杆，形式简洁，装饰性少，以实用为主。汀步石的排列表现了一定艺术感。

魏晋南北朝时期，思想活跃，百家争鸣。审美的变化，促进古典园林向全盛时期转变。寺庙园林出现，佛、道思想影响寺庙园林的景桥，乃至后代桥梁的装饰艺术。

另外，造园方式也有所转变，造园活动成为另一种艺术创作。在古典园林生成期，无论自然山水园还是人工水园，建筑物总是散步罗列其中，建筑这个重要的园林要素没有与自然环境产生联系，缺乏秩序。但到了魏晋南北朝时期造园思潮由"重现自然"转变成"表现自然"，由"简单的模仿自然"转变为"概括和归纳自然"。景桥同其他园林要素一样受到造园思潮的影响，其设计也更注重艺术性。魏晋时期诗人徐陵的诗中描述了一座山寨景色，飞桥为桥面弯曲如虹的虹桥、石梁应为石板桥，其一架在山岭上，另一架在水面上。两座桥梁遥相呼应，形成对景，与其他建筑、水池、山石、荷花竹林等一起表现出一片山寨水殿的景象。

隋唐时期桥梁建设在数量和工艺上都有很大的发展。拱桥的形式出现更多，皇家园林规模宏大，其财力和技术基础使得大规模景桥应用于园林中。更多文人参与私家园林的造园，景桥造景写实与写意相结合。佛教对景桥的影响是表现在寺院中出现"水庭"形式，影响桥体彩绘、石刻装饰。

两宋时期中国古典园林发展至全盛时期，三大园林类型中，私家园林的造园活动最为突出。皇家园林更多地受到文人园林影响，更为细腻精致，这种影响冲淡了园林的皇家气派。宋代文人私家园林追求简约、雅致、天然、疏朗，注重园林整体性，已完成从写实与写意相结合的传统向写意的转化。宋代画家王希孟《千里江山图》中，仅一幅山水画就表现了平桥、拱桥、亭桥（见图3-3）、复道、十字桥、廊桥、九曲桥等丰富的景观桥梁。可见这一时期的景桥设计在满足交通功能的前提下重视其造景、衬托、因借、联系等作用。

图3-3　北宋《千里江山图》（局部）两座亭桥

图 3-3　北宋《千里江山图》（局部）两座亭桥（续）

两宋时期建造工艺已十分成熟，木梁长桥已多建桥屋。另外，拱桥、梁桥也有所发展。北宋画家张择端所绘《清明上河图》（见图 3-4）中木拱汴梁虹桥，采用贯木拱，贯插众木而无柱，可一跨过河而无柱，避免船撞。宋代石桥也已十分普遍，建造了许多石梁、石墩桥。

图 3-4　《清明上河图》（局部）

元、明、清初期皇家园林发展规模趋于宏大发展，规划设计更讲究皇家气派，私家园林更加细腻精湛。如颐和园十七孔桥（见图 3-5a），十七孔桥为拱石桥，共 17 个桥洞，桥面下宽 14.6m，桥面上宽 6.5m，高 7m。整座桥给人一种雄伟高大之势，飞跨在碧波之上。如苏州留园石板桥（见图 3-5b），外形简单，为直线型平桥，无栏杆，架在水湾之上，与周围的山石花草相映成趣，简约质朴宛如天成。

图 3-5a　颐和园十七孔桥　　　　　　　　图 3-5b　苏州留园石板桥

这一时期私家园林造园活跃，导致私家园林达到了艺术成就之高峰。私家园林造景着力于在有限的空间内创造出较大的变化，桥成为巧妙组成丰富游览路线的媒介。园林中的桥梁设计应用更加灵活。汀步、平桥、拱桥、曲桥、亭桥、廊桥、假山石桥、木桥、砖桥、混合桥等比比皆是。更有巧匠将桥与石山水联系起来形成了别具一格的"扬州何园"，其中最圣者为复道的设计，就是在双面回廊的中间夹一道墙而形成，起到分流作用。贯穿全园的复道回廊全长 1500 多米，被誉为中国立交桥的雏形。再者，其假山石与桥的结合更是与众不同的设计创意。池西一组有假山（见图3-6），后有挂花厅三楹，有黄石假山夹道，贯穿小院的半边。

图 3-6　扬州何园的假山石桥

清末随着大量的西方文化涌入，清政府的故步自封、国力衰败，园林和桥梁结束了它的古典时期，开始进入现代阶段。

新中国成立以后，中国进入了现代景观设计阶段。一大批新型景观元素涌现，但这些作品存在良莠不齐的问题。现代城市公园在造园创作手法上，延续着传统造园理念中注重建筑与山水环境统一协调的理念。大部分公园采取了自然山水园的形式，但在空间构图、比例尺寸和架构工艺、材料和施工工艺上也引入了西方现代建筑的艺术手法。例如钢铁、混凝土、塑木等新材料的应用,增加了桥的稳固性和使用寿命,也为创造丰富多变的造型提供了可能。例如,六盘水瑶池的"彩带飘舞"(见图3-7)类似于古典园林中的栈道,采用塑木、钢铁等材料,设计手法上,强调与人文环境、自然环境、城市环境相协调,注重整个环境的整体性。

图 3-7 六盘水瑶池彩带飘舞

综上所述,桥梁的景观美学离不开园林文化的影响。中国古典园林力求模仿自然、与自然融合,通常是山环水抱,曲折蜿蜒,不仅花草树木搭配追求自然之原貌,即使亭台楼阁的建筑也尽量顺应自然环境,参差错落,不强调轴线对称,也没有任何固定规则,达到"虽由人作,宛自天开"的境界。

中国景观美学注重"景"和"情",景自然也属于物质形态的范畴,最终落在抒情达意之上。这显然不同于西方造园追求的形式美,这种差异主要是因为中国景观美学的文化背景。古代中国没有专门的造园家,自魏晋南北朝以来,由于文人、画家的介入使中国造园深受绘画、诗词和文学的影响。而诗和画都十分注重于意境的追求,致使中国景观美学从一开始就带有浓厚的感情色彩。

中国人主要是寻求自然界中能与人的审美心境相契合并能引起共鸣的某些方面。中国人的景观美学观的确立大约可以确定为魏晋南北朝时期,特定的历史条件迫使士大夫阶层淡漠政治而遨游山林并寄情山水间,于是便借"情"作为中介而认同湖光山色中蕴涵极其丰富的自然美。

第二节 景桥分类

景桥自古代发展至今,形制样式可谓千变万化,材料不断更新,构造做法不断变化。

1. 按功能分

景桥分为跨水人行桥、跨旱溪桥、跨水车行桥、风雨桥,如图3-8~图3-11所示。

图 3-8　跨水人行桥

图 3-9　跨旱溪桥

图 3-10　跨水车行桥

图 3-11　风雨桥

2. 按构造材料分

景桥分为木桥、石桥、竹桥和藤桥、钢桥、钢筋混凝土桥、汀步桥，如图 3-12~图 3-17 所示。

木桥（见图 3-12）以木材为原料，是最早的桥梁形式，它给人以自然感、原始感、亲近感。有一点要注意：木材易被腐蚀，使用年限有限，这就需要进行防腐处理。木质排水需要特别注意，在下方的龙骨要做开放式的排水通道。

石桥（见图 3-13）是指用石块来砌筑的桥。在园林中，窄的水面通常采用单块的条石来联系两岸，如果是大水面，通常采用石拱桥，如泉州洛阳桥、苏州宝带桥等都是大型石拱桥的佳作。

竹桥（见图 3-14）和藤桥主要见于南方，尤其是西南地区。竹桥和藤桥很有自然的野趣，但是，人走在其上会有荡漾，缺乏安全感。

钢桥（见图 3-15）采用的钢材强度高，很能体现结构之美，通常用作大跨径桥。

钢筋混凝土桥（见图 3-16）是以钢筋、水泥、石头为材质建造的桥，工艺相当简单，但景观效果不及天然材料。主体结构外露式的桥，经久耐用，但力学与美学完美结合的考验对设计师是一大挑战。

汀步桥（见图 3-17）以石材或混凝土为单独基础，简洁、跳跃的形态具有很强的律动感，使用于平坦的浅水区域。

图3-12 木桥

图3-13 石桥

图3-14 竹桥

图3-15 钢桥

图3-16 钢筋混凝土桥

图3-17 汀步桥

3. 按表皮材料分

景桥分为木饰面桥、石材饰面桥、金属饰面桥、玻璃饰面桥（见图3-18）、混凝土饰面桥。

图3-18 玻璃饰面桥

4. 桥梁常用相关设计规范

1）桥面上人行道或安全带外侧的栏杆高度不应小于1.10m。栏杆构件间的最大净间距不得大于140mm，不宜采用横线条栏杆。栏杆结构设计必须安全可靠，栏杆底座应设置锚筋，其强度应满足国家规范要求。

2）栏杆强度应满足：车辆以80km/h的速度，与栏杆成15°角发生碰撞，不落河。

3）栏杆造型、色调与周围环境协调，对重要桥梁宜作景观设计。

4）当桥梁跨越快速路、城市轨道交通、高速公路、铁路干线等重要交通通道时，桥面人行道栏杆上应加设护网，护网高度不应小于2m，护网长度宜为下穿道路的宽度并各向路外延长10m。

5）作用在桥上人行道栏杆扶手上竖向荷载应为 1.2kN/m；水平向外荷载应为 2.5kN/m。两者应分别计算。

针对以上桥面的做法制定如下检索表（见表 3-1），有利于景观桥梁的设计，此处桥梁设计相关数据仅支撑人行桥相关数据。

表 3-1 景桥检索表

序号	页码	桥名称	结构 柱	结构 梁	结构 板	面层	桥宽 W/m	桥长 L/m	柱间距 B/m	栏杆高度 h/m	桥面距池底高度 h_1/m	水深 h_2/m	功能特征
1	M2 M3	木结构直桥	木或钢筋混凝土	木		木板条	1≤W≤1.5	不限	B≤2	h_0<1.2	0.5≤h_1≤1.0	h_2≤0.5	行人 小型木栈桥
										h_0≥1.2	h_1>1.0	h_2>0.5	
2	M4	木结构折桥	木或钢筋混凝土	木		木板条	1≤W≤1.5	不限	B≤1.6	h_0<1.2	0.5≤h_1≤1.0	h_2≤0.5	行人 小型木栈桥
3	M5	钢结构直桥	端墙钢筋混凝土	钢		木板条	2≤W≤3	L≤4		h_0<1.2	0.5≤h_1≤1.0	h_2≤0.5	行人 小型钢桥
										h_0≥1.2	h_1>1.0	h_2>0.5	
4	M6	钢结构拱桥	端墙钢筋混凝土	钢或木		木板条	1.5≤W≤2	L≤2.5		h_0<1.2	0.5≤h_1≤1.0	h_2≤0.5	行人 小型钢桥
										h_0≥1.2	h_1>1.0	h_2>0.5	
5	M7	钢筋混凝土梁板平桥	端墙钢筋混凝土		钢筋混凝土	木板条或石材	2≤W≤3	L≤4		h_0<1.2	0.5≤h_1≤0.7	h_2≤0.5	行人 小型桥
6	M8 M9	钢筋混凝土单柱结构直桥	钢筋混凝土	钢筋混凝土		木板条	1.5≤W≤2	不限	B≤2.5	h_0≥1.2	0.5≤h_1≤1.0	h_2≤0.5	行人 小型桥
7	M10 M11	钢筋混凝土折桥	钢筋混凝土	钢筋混凝土		木板条	2≤W≤4	不限	2≤B≤4	h_0<1.2	0.5≤h_1≤1.0	h_2≤0.5	行人 中、小型桥
										h_0≥1.2	h_1>1.0	h_2>0.5	
8	M12	钢筋混凝土结构拱桥	端墙钢筋混凝土	钢筋混凝土		石材	W≤5	12≤L≤15		h_0≥1.2	h_1>1.0	h_2>0.5	行人 中型桥
9	M13 M14	钢筋混凝土台阶桥	钢筋混凝土	钢筋混凝土	钢筋混凝土	石材或木塑	W=3	7≤L≤8		h_0<1.2	0.5≤h_1≤1.0	h_2≤0.5	行人 中、小型桥
										h_0≥1.2	h_1>0.5	h_2>0.5	
10	M15 M16	石砌拱桥	天然石材拱圈式桥洞天然石材砌筑桥身			天然石材	W=2	L=6		h_0≥1.2	h_1>0.5	h_2>0.5	小型人行桥

第三节　景桥方案设计

设计方法

1. 满足功能

在景桥的设计过程中，设计师应根据项目特色和场地地形条件来考虑景桥的应用。景桥除了作为观赏景观之外还得充分考虑其功能作用，如道路交通功能、人车分行、休憩停留、遮风避雨、游船通行等功能。

2. 意境表达

景桥在园林中具有非常重要的传达意境，承载文化的功能。"石桥碧影驾长虹，流水无心夕照中，千载乘驴人不见，徘徊学步愧青聪""天桥苍虹卷，横披百步长，匪心坚不转，万古作津梁""波光柳色碧溟蒙，曲渚斜桥画舸通"，自古以来，有许多清丽动人的诗篇歌颂着桥梁，情景变融的描绘，摇曳着艺术风姿的桥梁也为自然增添丰富的情调。设计时根据整体园林造景立意，来确定景桥应体现的意境，或高大雄伟、飞跨出水，或纤弱蜿蜒、邻水而游。

3. 选择形式风格

不同的意境决定景桥的风格。风格确定后，景桥的形制、材料、构造、装饰等细节可同时统一考虑。园林景桥主体是以色、线、形来表达的。不同种类的材料质感有别：石桥的凝重传递着自然与和谐；钢桥的轻盈、冷峻，传递着尊崇；木桥的纯朴传递着温馨；水泥桥的端庄传递着恬静与安逸。园林景桥可以着色在绿化环境中，色彩具有诱目性。形式旋律的变化，景桥一般采用镜面对称，即在立面上对称于中心轴，平面上对称于水平中心轴，旋律以和顺为主。斜交桥的梁部和桥台在平面上绕分中垂直轴旋转对称。

4. 梳理场地条件

研读地勘资料（见图3-19），根据平面位置对应剖面读取地下土质条件，景桥基础应下扎至稳固的岩土层，若所选位置岩土层不稳固或距稳固层较远导致施工难度太大或成本增加，则应考虑调整景桥位置。

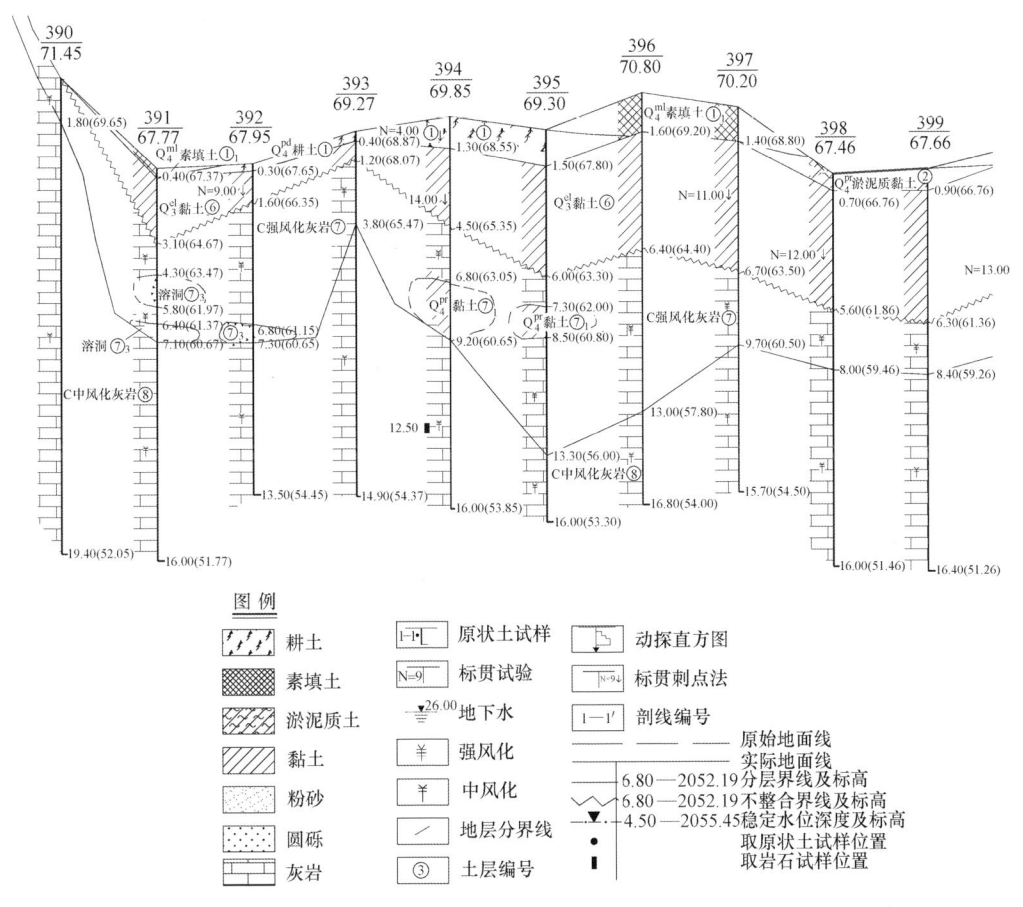

图 3-19 地勘剖面图

5. 确定结构形式

在选择材料的同时就应该对材料有所倾向了。桥结构分为桥面、桥身、桥基等部分的结构材料及形式。根据构造形式分类在表3-1中有所提及，这里不做赘述。

6. 考虑夜景照明

夜景照明从形式来说可以是桥体的整体照亮，可以是点线面结合的照亮方式。无论哪种照亮方式，其侧重都应该满足景桥照明设计安全性。可在危险的边缘或扶手设计提示性灯光，注意不应产生炫光。另外可从桥板下或桥墩上设置灯光，以照亮桥身，达到远处观赏时的效果。

第四节　景桥设计案例图解

本节通过对两个实际工程案例的图解来说明景桥的设计及施工流程设计。

一、以河北涞水县拒马河畔大型社区为例对自然环境中的过水桥举例说明

1. 案例简介

案例位于河北涞水县拒马河畔的一个大型社区，社区以湖区为中心，大片区住宅形成半岛式布局，多角度形成自然简朴的托斯卡纳风格的景点，期间以不同的欧式桥作为车行及人行的联系方式。景观，并将成为引领全区发展，代表项目形象的先锋区块。

2. 设计构思

或是蜿蜒的潺潺溪水，湍急的溪谷，或是广阔的水面，生态的驳岸，搅动一方水土，掬一缕清泉，带来最灵动诗意的景观。开合变化的水系景观是整个设计的重要部分，跃然其上的景桥也成为点睛之笔。

3. 设计难点

园区水面形态各异，变化丰富，有景桥十余座。设计时需满足不同功能，有些人行、有些车行、有些跨越旱溪、有些跨越水面，对结构要求不一。为了构建多变的水系空间，地方多属于填方区域或是挖方区域，在安置桥时尽量至基础不扰动的地方。除此之外，要满足与周围场地景观的延续，在材质和细节上更加考究如图3-20、图3-21所示。

图 3-20　人行平桥效果图

图 3-21 湖边水中栈桥

由于水资源的稀缺，整体湖底设置了防水做法，选用了膨润土防水毯的材料。质地带来的另一大问题就是桥墩在膨润土防水毯上的设计。一般来讲，轻质人行栈桥、木栈道或是小型的混凝土桥都可以通过设计底部筏板的形式直接将柱基础放置于筏板之上。筏板的功效就在于平均局部压力，同时在防水材料上通过重力避免因局部桥基扰动造成的防水毯下的上浮力。

4. 图解设计流程及经验分享

图 3-20 人行平桥桥体结构（图 3-22、图 3-23）采用钢筋混凝梁板柱结构，根据长度分为若干跨，两端为钢筋混凝土挡土墙，埋于两岸稳固土层下，中间为梁柱体系组成，上覆钢筋混凝土桥板，桥板可适当悬挑。设计上桥面与路面平接的方式，因此要注意桥下水位标高，考虑景观效果，结构柱不宜露出过多，但桥板也不应过于贴近水面，梁不宜浸泡在水中，因此建议控制梁下距水面 5~10cm。车行桥面净宽 4m。也要注意栏杆与桥柱的对应关系。

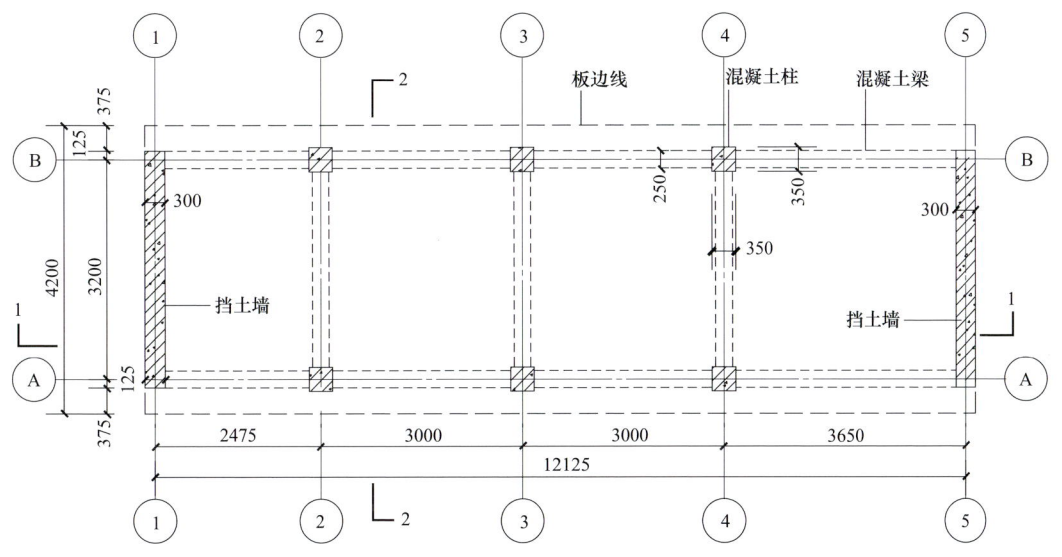

图 3-22 结构布置平面图

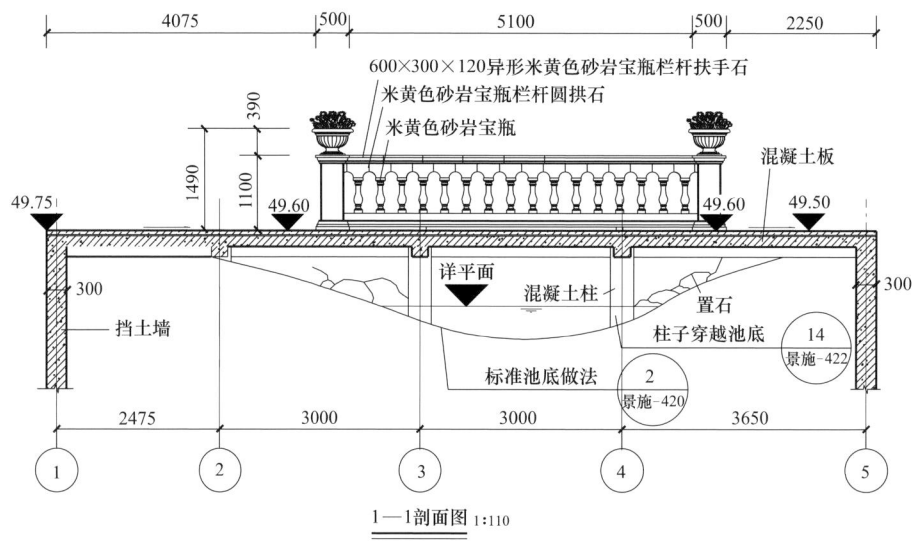

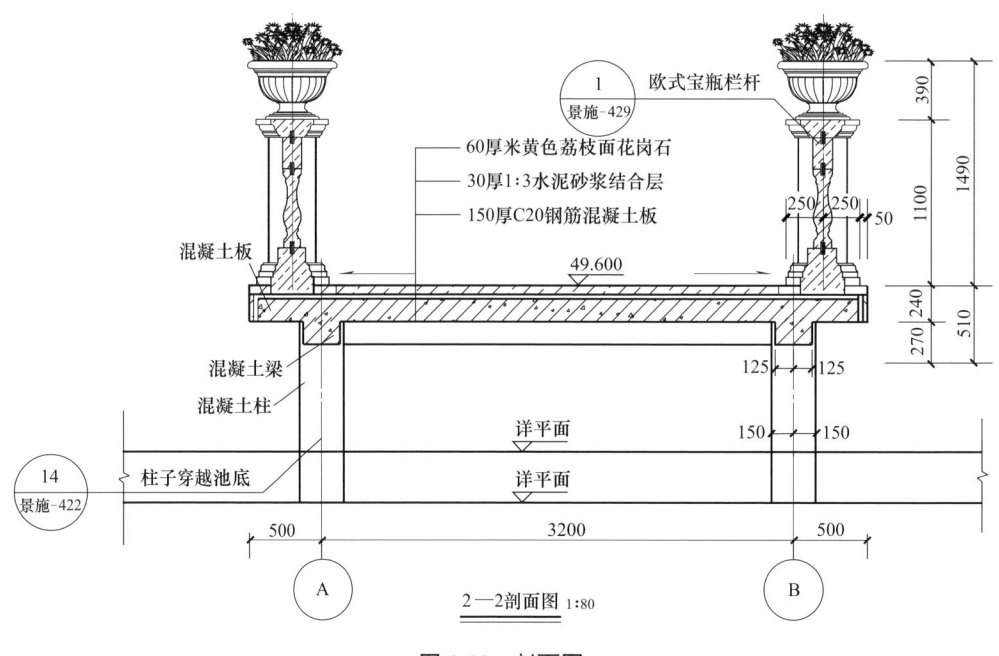

图 3-23 剖面图

二、以南长安壹号示范区曲桥项目为例

1. 案例简介

案例位于西安韦曲南长安壹号示范区,是联系样板区和公园的重要渠道如图 3-24 所示。

图 3-24 南长安壹号示范区俯视效果图

2. 设计构思

项目位于西安韦曲，这样一块曾经如此人杰地灵的宝地。随着时代的变迁，渐渐地把自己隐匿在历史红尘中了，尤其近现代有了衰颓之势，如宝珠蒙尘，渐隐其光华。做这个项目的过程，便是一个"寻找"的过程，慢慢地抽丝剥茧，让其逐渐露出昔日光彩。我们在寻找，如同寻找一位久未蒙面的老友，进而去寻找一种深藏于心的文化情怀。整体景观方案呈现了诗情画意又徐徐道来的一连串寻找的故事，也同样契合了未来访客的寻找之路。我们都希望，未来的每一位访客，在来访寻找的过程中，找到自己心中所愿，也找到自己心中那一份诗情画意。曲桥的设计也承载了"圆荷浮小叶，细麦落轻花"的文人赏荷文化如图 3-25~图 3-27 所示。

图 3-25 示范区湖面鸟瞰图

图 3-26　圆荷浮小叶曲桥效果图

图 3-27　示范区全景鸟瞰图

3. 设计难点

通过复廊联系室外与室内，在廊中看雨的优美，廊与桥不断地转换着空间。充满古韵的木桥，结合自然软池底、草坡入水的驳岸，是设计师追求的质朴感受。但考虑木桥和软池底交接中会出现不可避免的刺穿防水，造成景观水泄露浪费，对水景的保持不利，因此形式和功能的结合是设计难点。

4. 图解设计流程及经验分享

本项目的桥与池的比例相近，桥集中性强，较为连续，所以使用刺穿防水式的桥墩处理方法就会使得防水有多点刺穿，这样就算是延柱墩上翻封口修补也是很难做的一件事。综合各种因素后，将池底设计为钢筋混凝土硬池底，桥体为钢筋混凝土结构，桥柱可以在池底浇筑。桥板为钢筋混凝土桥板，外包防腐木。景观效果需求桥面尽量贴近水面，为考虑防潮问题，又不能过近，最后将桥面距水面距离定为50cm，桥下柱子内收，使桥板悬挑，以满足视觉上漂浮在水面的效果。延续古桥中亲水的意境，栏杆不宜做高，但根据设计规范要求，临空高于70cm则需要架设栏杆高度为110cm，为避免做高栏杆，将桥附近的池底标高上抬以满足临空要求。最后，考虑夜景效果，在栏杆下设置景灯照明，做到见光不见灯。景桥的施工图如图3-28~图3-32所示。

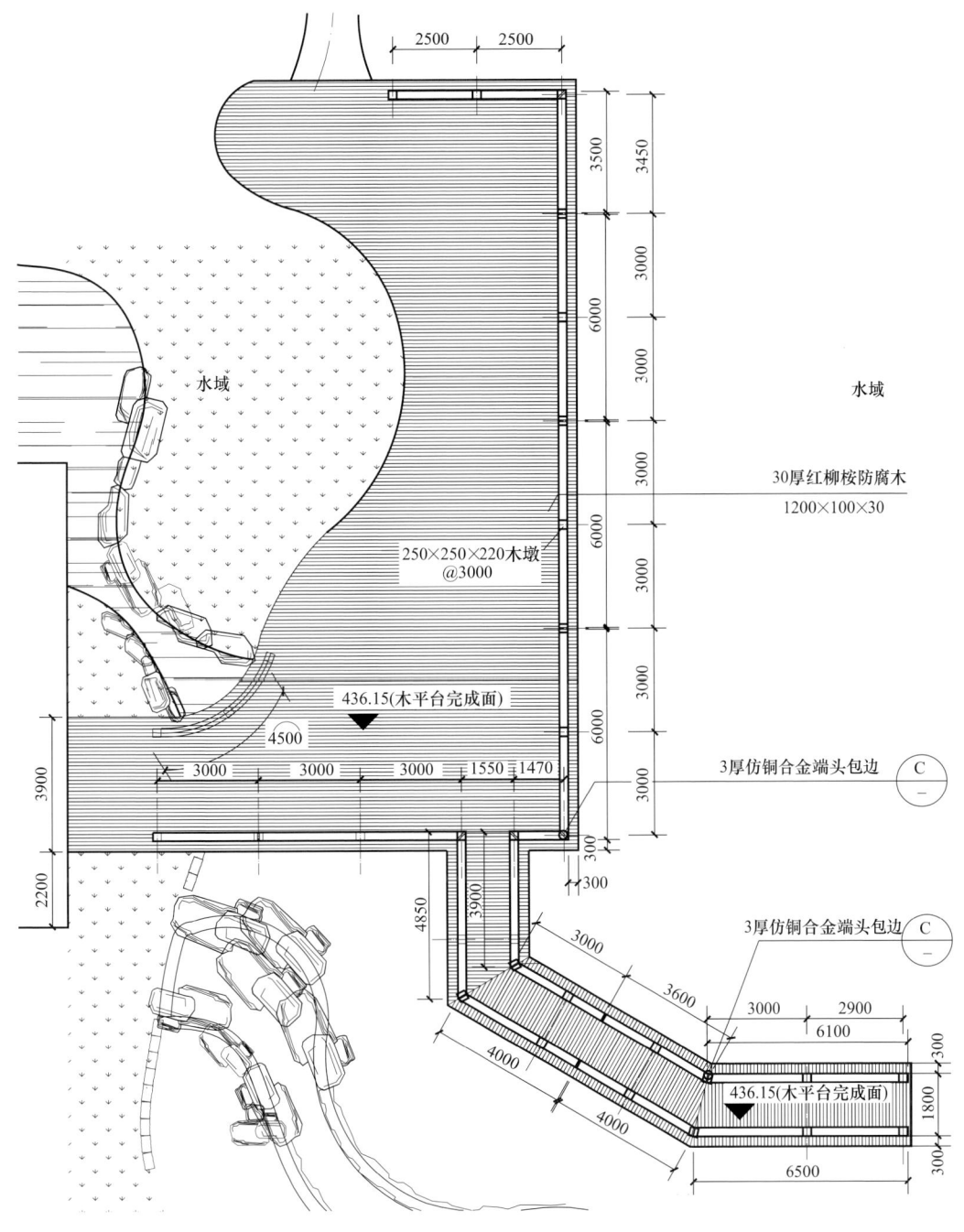

图3-28　木栈桥平面图

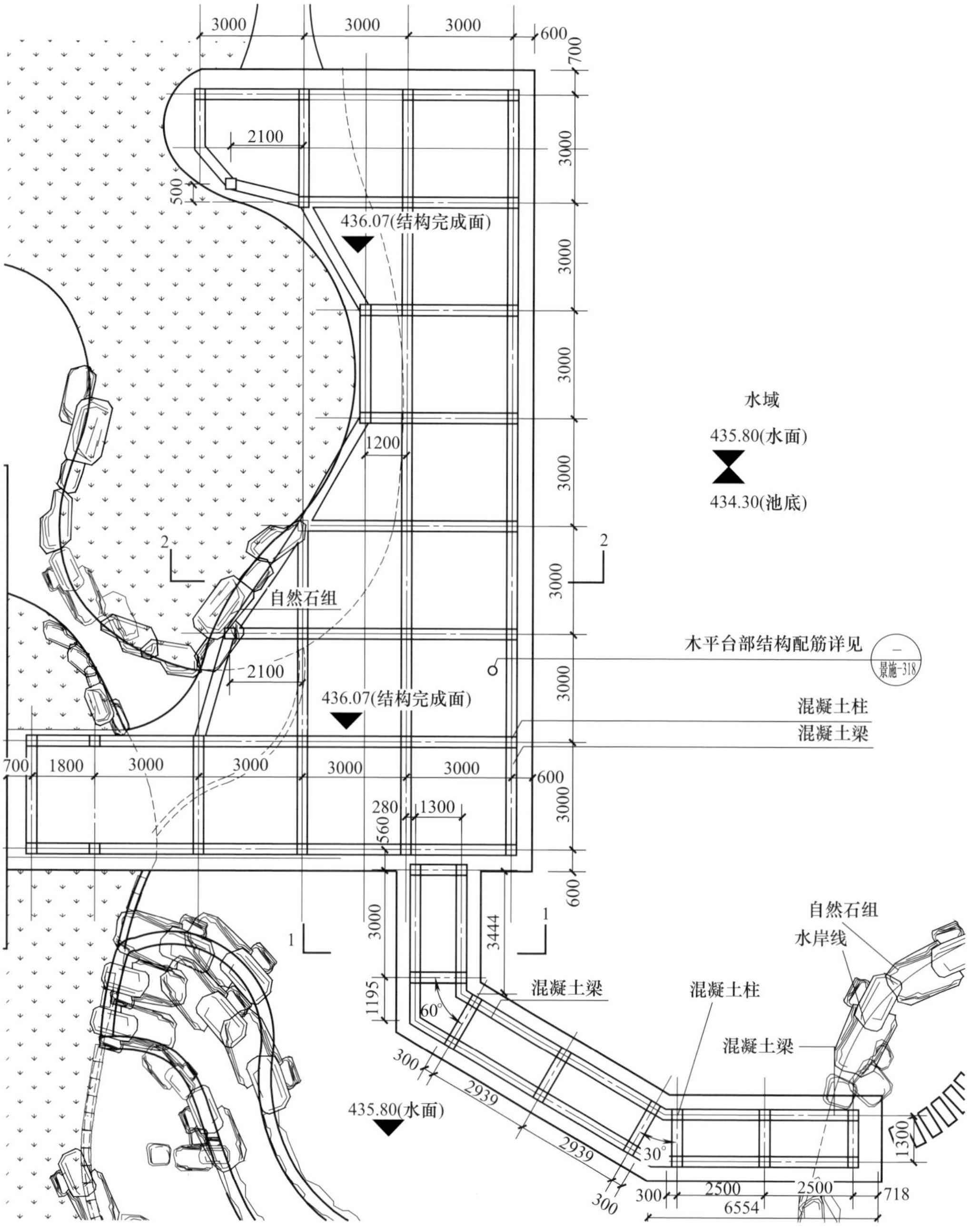

图 3-29 木栈桥结构平面图

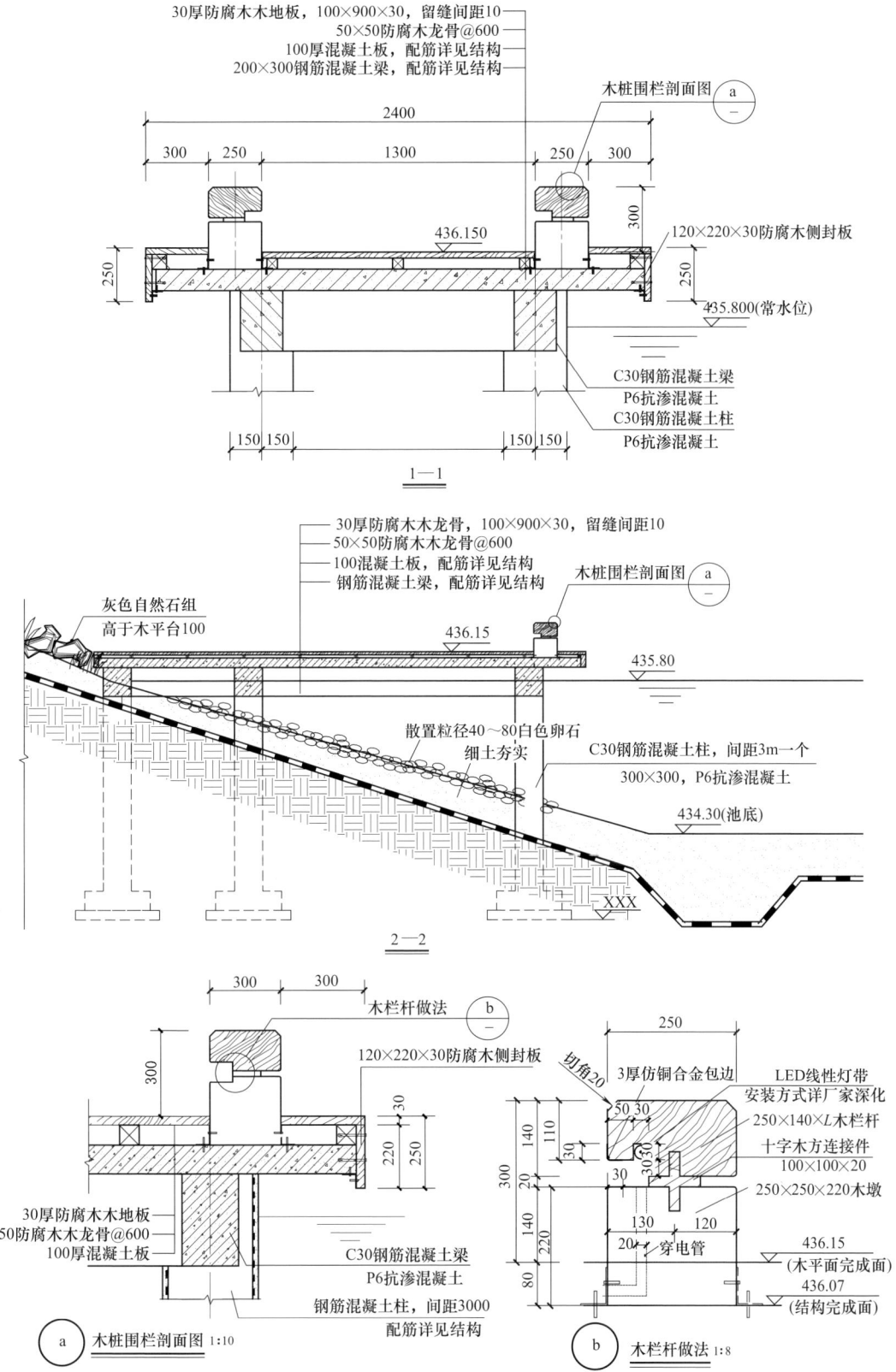

图 3-30　桥体结构详图

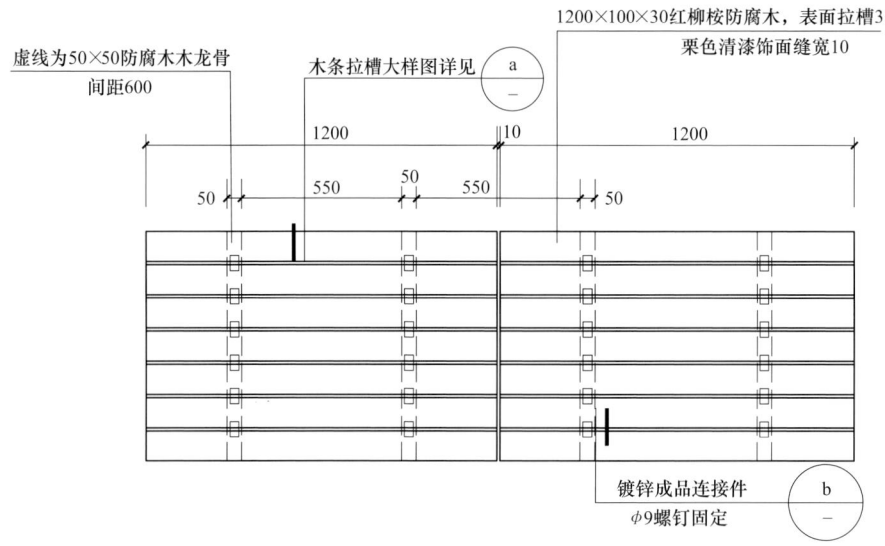

木平台平面大样图 1:25

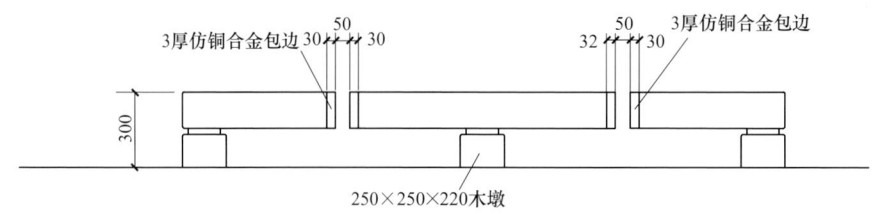

木桩围栏立面图 1:25

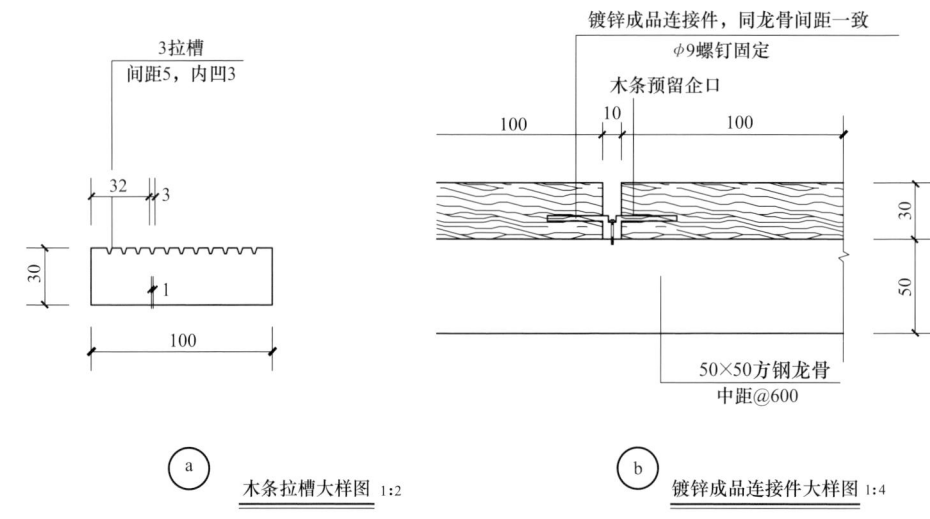

ⓐ 木条拉槽大样图 1:2   ⓑ 镀锌成品连接件大样图 1:4

图 3-31　木平台及木桩围栏详图

5. 施工流程分享

池底的防水构造是防水毯形式，桥体的立柱放脚压在池底防水层的下面，刺穿防水毯的位置防水毯需要上卷至立柱的根部水面以上 15cm。然后现场浇筑混凝土立柱及结构梁部分，木龙骨和结构梁在施工图中用角钢螺栓固定，上做木龙骨，其间在混凝土梁上预留栏杆柱位置，之后在龙骨上做好木饰面，最后稳固栏杆横梁，如图 3-32 所示。

图 3-32　施工过程照片

第四章 景　墙

纵观历史，中西方古典园林虽然在造园风格、制式、材料上不尽相同但是本质上都是汲取天然元素，如地形、种植、水景结合人造元素，如景亭、景墙、长廊、雕塑小品等依据各自的造园理念创作出符合时代审美的园林。其中景墙作为不可或缺的人造景观元素被灵活的运用于造园的方方面面。本章所讨论的景墙，结构基础独立，不包括有挡土、护坡功能的景墙。

中式古典园林造园手法中的层次与景深、障景、隔景、框景、透景等的营造皆可通过景墙完成。而西式古典园林中的景墙除了运用在对景、框景等形式中，更是在轴线、休憩空间的营造上有着不可替代的作用。除此之外，在现代景观设计中，景墙也是围合空间、立体展示功能的重要载体。

第一节　景墙的空间形态分类

景观设计中景墙常见的空间形态分类主要有对景景墙、障景景墙、隔景景墙以及围墙如图 4-1 所示。

1. 对景景墙

对景，是主客体之间通过固定轴线关系引导视线落点的造园手法。由于景墙本身的人造属性，使其作为对景使用时容易形成冷静、专注、肃穆、庄严的感受。作为对景的景墙设计，一般在空间中占据一定的体量，立面设计通过材质的变化或是细节的打磨展现出丰富的表现力，从而达到令人目不转睛的效果。

意大利文艺复兴后期的著名台地庄园，阿尔多布兰迪尼庄园景观轴线（见图 4-2）上的高潮——水剧场，以宏伟的巴洛克式弧形

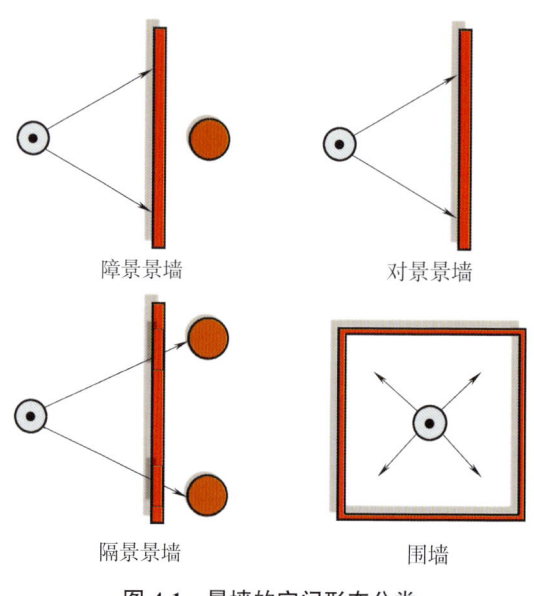

图 4-1　景墙的空间形态分类

82

景墙（见图4-3）背靠修剪成型的常绿树围合成视线落点空间，景墙立面上5个壁龛中装饰着丰富的水景和雕塑，无数的水柱从半圆形的水池中喷射而出，跌落在青苔岩石上，给人带来视觉、听觉上的震撼。

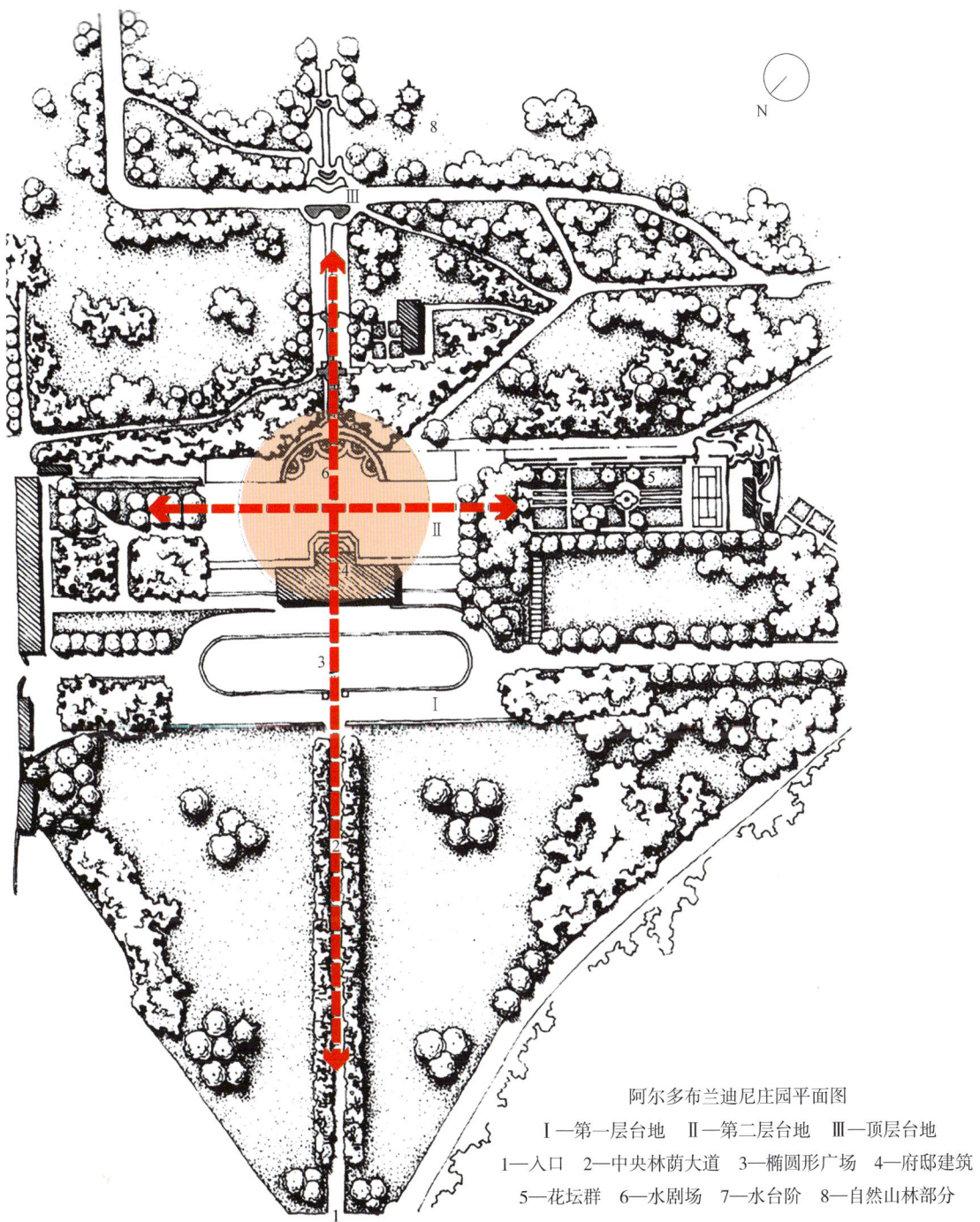

阿尔多布兰迪尼庄园平面图
Ⅰ—第一层台地　Ⅱ—第二层台地　Ⅲ—顶层台地
1—入口　2—中央林荫大道　3—椭圆形广场　4—府邸建筑
5—花坛群　6—水剧场　7—水台阶　8—自然山林部分

图4-2　阿尔多布兰迪尼庄园景观轴

图 4-3　宏伟的巴洛克式弧形景墙

2. 障景景墙

障景，是在游览线路或观赏景点上设置山石、景墙照壁或植物等，挡住视线，从而引导游人改变游览路线的造景手法。障景给园林增添了"藏"的韵味，也激起了游人进一步探寻园林深处的好奇心，因此为历代园林所广泛应用。障景景墙可以是景墙与种植或假山雕塑（见图 4-4）相结合，也可以是带门或窗的半透墙（见图 4-5）。

图 4-4　景墙与种植或假山雕塑

图 4-5　带门或窗的半透墙

景墙除了在园林中作为障景元素出现外还有一种特殊的存在形式，即影壁墙。

影壁，也称照壁，古称萧墙，是汉族传统建筑中用于遮挡视线的墙壁。影壁墙的作用是即使大门敞开，外人也看不到宅内，可以遮挡院内杂乱的景观，使得门前视线干净清爽。

四合院常见的影壁有三种。第一种位于大门内侧，呈一字形，叫作一字影壁。大门内的一字影壁独立于厢房山墙或隔墙之外，称为独立影壁（见图 4-6），如果在厢房的山墙上直接砌出小墙帽并做出影壁形状，使影壁与山墙连为一体，则称为座山影壁（见图4-7）。

图4-6 独立影壁

图4-7 座山影壁

第二种是位于大门外面的影壁，这种影壁坐落在胡同另一侧，正对宅门，一般有两种形状，平面呈"一"字形的，称为一字影壁（见图4-8），平面成梯形的，称为雁翅影壁（见图4-9）。这两种影壁或单独立于对面宅院墙壁之外，或倚砌于对面宅院墙壁，主要用于遮挡对面房屋和不甚整齐的房角檐头，使经大门外出的人有整齐美观愉悦的感受。

图4-8 一字影壁

图4-9 雁翅影壁

还有一种影壁，位于大门的东西两侧，与大门槽口呈120°或135°夹角，平面呈八字形，称为"反八字影壁"或"撇山影壁"（见图4-10）。做这种反八字影壁时，大门要向里退2~4m，在门前形成一个小空间，可作为进出大门的缓冲之地。北京万寿寺的入口空间在反八字影壁的烘托陪衬下，显得更加深邃、开阔、富丽。

影壁中最精美华丽的一座是北京北海的九龙壁（见图4-11），原属明代离宫的一座影壁。它由彩色琉璃砖砌成，两面各有蟠龙九条。如果仔细查看，影壁的正脊、垂脊、筒瓦等处还雕有许多小龙，大小龙共计635条，可谓洋洋大观。

图 4-10 "反八字影壁"或"撇山影壁"

图 4-11 北京北海的九龙壁

3. 隔景景墙

隔景是在园林中通过游廊、植物等将不同景致在空间上加以分隔的方式。游廊中的景墙（见图 4-12）大多嵌有花格窗，视线若隐若现，长廊一侧开敞通透。游廊景墙这种灰空间形式，增加了景深，丰富了游览层次，游人漫步其间，起到了步移景异的效果。

4. 围墙

围墙在建筑学上是指一种垂直向的空间隔断结构，用来围合、分割或保护某一区域，通常都是围合着建筑体的墙（见图 4-13~图 4-15）。本节所讨论的围墙结构基础独立，不包含挡土功能。

图 4-12 游廊中的景墙

图 4-13 北方皇家园林围墙

图 4-14 南方私家园林围墙

图 4-15 北方私家园林围墙

第二节　景墙的功能性分类

1. LOGO 景墙

LOGO 景墙是西方现代景观设计发展出来的一种景墙形式，通常设置在公园、居住区、办公园区、商业区的入口或重点醒目位置。景墙上会有案名或标识，即 LOGO，作为加深参观者记忆的重要手段。

以宁波万科华侨城欢乐海岸示范区入口处的 LOGO 景墙为例，如图 4-16 所示。景墙造型设计已经超出传统形态，锈色镂空钢板曲折延伸（见图 4-17），金属坚硬的质感切割成多面体，如同起伏的山峦，表现出现代元素的简洁，抽象出一幅具有现代质感的山水画卷。从平面上看规则的矩形被重新切割和组合，与涌泉水景相辅相成，形成了自由而灵活的韵律，现代的线条所表现的是传统东方的韵味，在城市核心区域演绎都市山水意境。

图 4-16　景墙上会有案名或标识

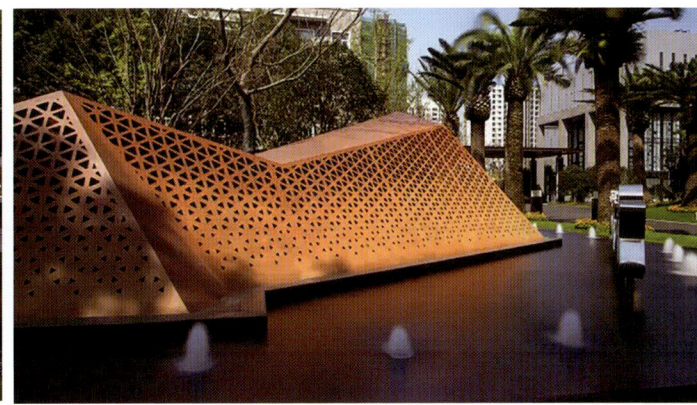
图 4-17　锈色镂空钢板曲折延伸

2. 文化展示性景墙

景墙作为一个客观存在体，其用途远远超出了其物质功能。景墙在造"景"的同时，也要注重造"境"，更要体现造"情"。造"情境"则要根据社会公众的需求、人们的文化水平、地域或民族的心理特征、审美能力、审美兴趣、心态等方面进行分析，使人在观景时具有共鸣感、个性感、文化感。

文化展示性景墙以美国的越战纪念碑（Vietnam Veterans Memorial）（见图 4-18）为例。越战纪念碑位于美国首都华盛顿，是一个纪念在越南战争中服役的美国士兵的国家战争纪念碑。这是一座低于地平线，长 500 英尺（1 英尺 =0.3048m）呈倒 V 字形的碑体。黑色的、像两面镜子一样缓缓绽开的花岗石墙体，如同一本打开的书，又仿佛大地开裂向两面无限延伸。两墙相交的中轴最深处约有 3m。两面抛光的黑色花岗石石墙（见图 4-19）在交汇处呈一个 125°12′ 的角，左右墙体向两端方向逐渐缩小直至消隐于地平线。阵亡战士的姓名按时间顺序从东墙之首至西墙之末被刻在黑色镜面墙体之上，战争开始后第一个死者的名字与战争结束前最后一个死者的名字遥相呼应，象征着战争的帷幕拉开又合上。设计如同大地开裂接纳死者，具有强烈的震撼力，黑色磨光花岗石饰面光洁如镜，上面刻着 57000 名自 1955 年至 1975 年间在越南战争中失踪或死去的美军士兵的名字。明可鉴人的巨型墙面和陷进墙面密密麻麻的名字，在视觉效果上给人以无可抗拒的感染力，促使每个参观者的心底不由自主地产生某种奇异的心里体验。

图 4-18　越战纪念碑（Vietnam Veterans Memorial）

图 4-19　两面抛光的黑色花岗石石墙

3. 水景墙

水景墙顾名思义是有流水元素的景墙。水景墙的出水口一般布置在景墙顶部或正立面墙身中间。景墙顶部的出水方式分为水瀑式和喷射式。水瀑式（见图 4-20）即水流会将墙面浸湿，结合立面不同的处理方式，可形成均匀水膜质感的静态效果或跌落的动态效果（见图 4-21）。喷射式（见图 4-22）一般是景墙顶部侧面开出水口，将水流均匀的送出，落入池中或旱溪中。

图 4-20　水瀑式　　　　　　　　　　　图 4-21　跌落的动态效果

图 4-22　喷射式

4.垂直绿化生态景墙

垂直绿化生态景墙是在景墙体量较大的墙身上结合植物丰富美化墙体的景墙形式，如图4-23所示。软景植物与硬景景墙相结合，二者互相映衬，可以形成独特的景观效果。在进行景墙的基础设计时除了满足墙体自身荷载以外还要考虑种植土、植物的重力。

图 4-23 垂直绿化生态景墙

第三节　景墙材料及构造做法

一、景墙的外饰面材料

受技术和材料的影响，古代景墙的材料选择较为单一。中式古典园林景墙的地上构造分为墙顶和墙身两部分，墙顶为青瓦或琉璃瓦，墙身为清水砖墙（见图4-24）或粉墙（见图4-25、图4-26）。西式古典园林大都采用石材作为景墙的设计材料（见图4-27）。

图4-24　清水砖墙

图4-25　琉璃瓦粉墙

图4-26　青瓦粉墙

图4-27　石材作为景墙的设计材料

随着科技的进步和施工技术的发展，现代景观设计中，除了对清水砖墙、抹灰粉墙的传承发展外，另外发展出以砖、混凝土或钢结构做基础，挂、贴不同材料的景墙；金属材料与砌块互为结构与装饰的景墙（见图4-28~图4-30）以及特殊设计的清水混凝土景墙等。墙体外饰面可分为以下几类：

图4-28　清水砖墙传统砌筑

图4-29　砌块砖墙

图 4-30 清水砖墙镂空式砌筑

二、墙体外饰面可分为以下几类,其主要基层对应的饰面做法工艺见表 4-1~ 表 4-8。

1)清水砖勾缝墙,老祖宗传下的手艺被现代匠人演绎得更加趣味艺术,主要做法工艺见表 4-1。

表 4-1 清水砖勾缝墙

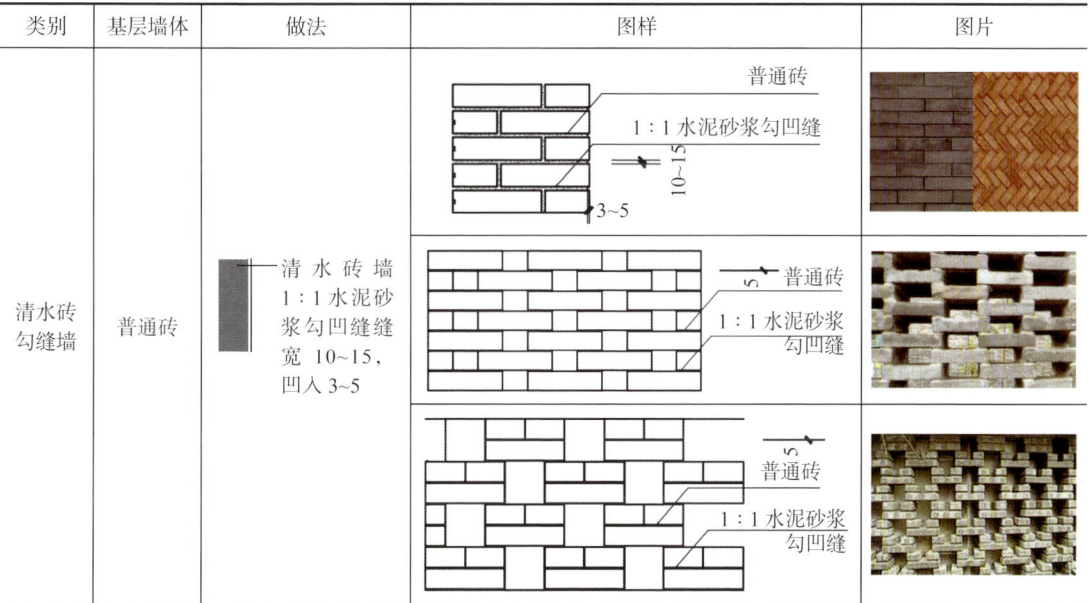

（续）

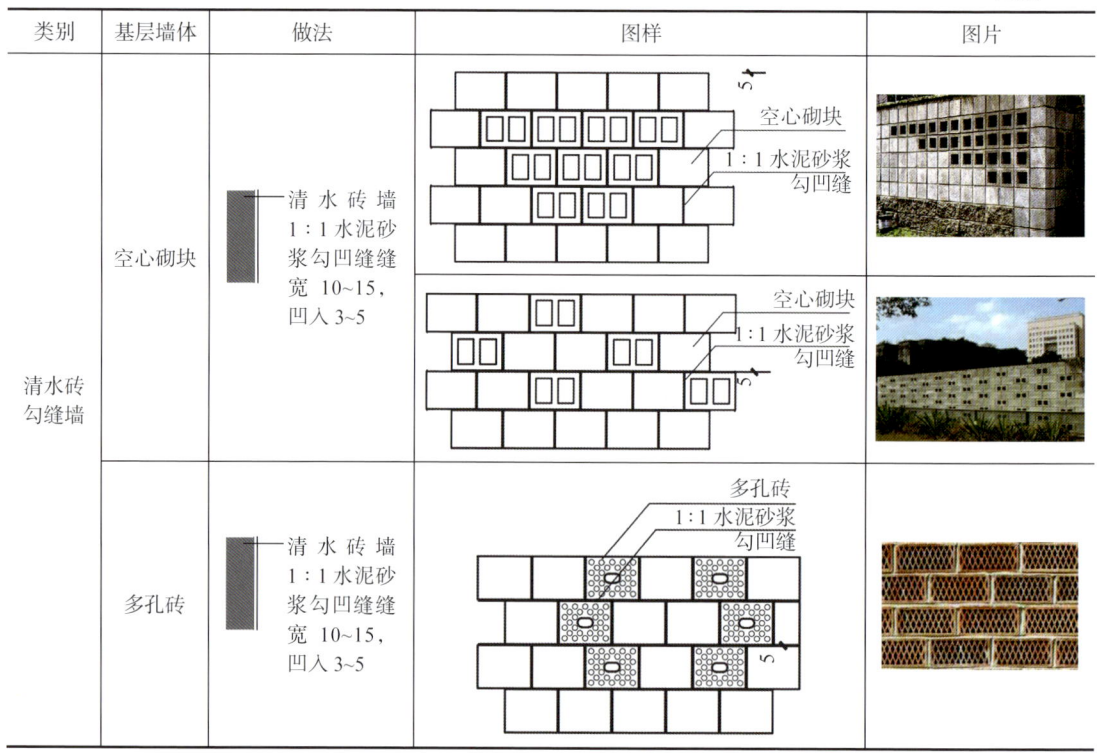

2）毛石饰面墙面（整体石墙）及清水混凝土墙面，毛石饰面表现朴野之感，具有浓郁的地方色彩如图4-31、图4-32所示。清水混凝土墙（见图4-33）是建筑师的钟爱，他那犀利而坚挺的外表恰到好处地表达出"少即是多"的思维模式，主要基层对应的饰面做法工艺见表4-2、表4-3。

图4-31 毛石饰面墙面（一）　　图4-32 毛石饰面墙面（二）　　图4-33 清水混凝土墙面

表4-2 清水墙毛石饰面墙

类别		基层墙体	做法	图样	图片
清水墙外墙面	虎皮墙	石块墙	1:2水泥砂浆勾平凸缝缝宽20~25，凸出3~4	1:2水泥砂浆	

（续）

类别		基层墙体	做法	图样	图片
清水墙外墙面	整体石墙	石块墙	1:2水泥砂浆勾凹缝凹缝缝宽10~25，凹入5~8	1:2水泥砂浆	
	整体石墙		1:2水泥砂浆不勾缝	1:2水泥砂浆	

表4-3 清水混凝土墙

类别	基层墙体	做法	图样	图片
清水混凝土墙	大规模混凝土墙，清水模板（光膜）	涂刷丙烯酸共聚物基混凝土保护剂聚合物砂浆局部修补基层 喷砂或水枪清除混凝土基层表面灰尘、油污、反碱、油漆、浮浆、松动砂浆及表面残留物	模具安装孔	

3）一般抹灰墙及抹灰饰面墙，主要基层对应的饰面做法工艺见表4-4。

表4-4 饰面抹灰墙

类别	墙面材料名称	墙体基面	做法	图片
一般抹灰墙	水泥砂浆饰面墙		6厚1:2.5水泥砂浆面层 12厚1:3水泥砂浆打底扫毛或划出纹道 聚合物水泥砂浆一道（砖墙基面可省略）	彩色饰面砂浆窑变
	彩色饰面砂浆	非黏土多孔砖墙、混凝土墙、混凝土砌块墙、加气混凝土墙	无机粉末剂 无机饰面砂浆 无机抗渗界面剂 1:2.5水泥砂浆找平	彩色饰面砂浆花岗石单色
抹灰饰面墙	水刷石墙面小八厘：普通水泥、白色或彩色水泥中八厘：普通水泥、白色或彩色水泥	非黏土多孔砖墙、混凝土墙、混凝土砌块墙	8厚1:1.5水泥石子（小八厘）或8厚1:2.5水泥石子（中八厘）面层 素水泥浆一道（内掺水重5%的建筑胶） 12厚1:3水泥砂浆中层底抹平，扫毛或划出纹道聚合物水泥砂浆一道（砖墙基面可省略）	水刷石，小八厘，白色水泥
	水刷小豆石墙面普通水泥白色或彩色水泥	非黏土多孔砖墙、混凝土墙、混凝土砌块墙	12厚1:1.5水泥小豆石（粒径5~8）面层 素水泥浆一道（内掺水重5%的建筑胶） 12厚1:3水泥砂浆中层底抹平，扫毛或划出纹道 聚合物水泥砂浆一道（砖墙基面可省略）	水刷小豆石，普通水泥

（续）

类别	墙面材料名称	墙体基面	做法	图片
抹灰饰面墙	剁斧石墙	非黏土多孔砖墙、混凝土墙、混凝土砌块墙	斧剁斩毛两边成活 10厚1:2 水泥石子（米粒石内掺30%石屑）面层赶平压实 素水泥浆一道（内掺水重5%的建筑胶） 12厚1:3 水泥砂浆中层底抹平，扫毛或划出纹道 聚合物水泥砂浆一道（砖墙基面可省略）	
	干粘石普通水泥白色或彩色水泥	非黏土多孔砖墙、混凝土墙、混凝土砌块墙	刮1厚建筑胶素水泥黏结层（质量比=水泥：建筑胶=1:0.3），干粘石面层拍平压实（粒径小八厘掺石屑为宜，与6厚水泥砂浆层连续操作） 6厚1:3 水泥砂浆 12厚1:3 水泥砂浆打底扫毛或划出纹道 聚合物水泥砂浆一道（砖墙基面可省略）	干粘石，普通水泥

4）涂料饰面墙，主要基层对应的饰面做法工艺见表4-5。

表 4-5　涂料饰面墙

类别	墙面材料名称	墙体基面	做法	图片
外墙涂料	无机建筑涂料 合成树脂乳液涂料 溶剂型外墙涂料 复层建筑涂料 合成树脂乳液砂壁状涂料 溶剂型双组分聚氨酯涂料	非黏土多孔砖墙	外涂 6厚1:2.5 水泥砂浆 12厚专用1:3 水泥砂浆打底扫毛或划出纹道	浮雕饰面
		大规模混凝土墙	外涂 12厚1:2.5 水泥砂浆 素水泥浆一道（内掺水重5%的建筑胶） 5厚专用1:3 水泥砂浆打底扫毛或划出纹道 聚合物水泥砂浆一道	真石漆饰面
		混凝土砌块墙、混凝土空心砌块墙	外涂 聚合物水泥砂浆修补平整	彩石漆饰面
合成树脂幕墙外墙	合成树脂金属幕墙 合成树脂实色幕墙 合成树脂石材幕墙	非黏土多孔砖墙	金属面、实色面、透明保护面、花纹造型层 实色着色填充中层两遍 抛光腻子层 找平腻子层、耐碱玻纤网、第二遍找平腻子层、共2厚 清理基层 6厚1:2.5 水泥砂浆找平，高级抹灰 12厚专用1:3 水泥砂浆打底扫毛或划出纹道	

(续)

类别	墙面材料名称	墙体基面	做法	图片
合成树脂幕墙外墙	合成树脂金属幕墙 合成树脂实色幕墙 合成树脂石材幕墙	大规模混凝土墙	— 金属面、实色面、透明保护面、花纹造型层 — 实色着色填充中层两遍 — 抛光腻子层 — 找平腻子层、耐碱玻纤网、第二遍找平腻子层、共2厚 — 清理基层 — 6厚1:2.5水泥砂浆找平层，高级抹灰 — 聚合物水泥砂浆修补平整	弹性涂料拉毛
		混凝土砌块墙、混凝土空心砌块墙	— 金属面、实色面、透明保护面、花纹造型层 — 实色着色填充中层两遍 — 抛光腻子层 — 找平腻子层、耐碱玻纤网、第二遍找平腻子层、共2厚 — 清理基层 — 6厚1:2.5水泥砂浆找平层，高级抹灰 — 12厚1:2.5水泥砂浆找平 — 素水泥浆一道（内掺水重5%建筑胶） — 5厚1:3水泥砂浆打底扫毛或划出纹道 — 聚合物水泥砂浆一道	弹性质感纹理饰面

5）外墙饰面砖墙，饰面干净整洁，易清洗，色彩略有失真，如图4-34、图4-35所示，主要基层对应的饰面做法工艺见表4-6。

图4-34 陶瓷饰面

图4-35 锦砖饰面

表4-6 外墙饰面砖墙

类别	墙面材料名称	墙体基面	做法（水泥砂浆）	做法（丁苯胶乳黏结剂）	图片
外墙饰面砖外墙面	陶瓷饰面砖墙面劈高砖墙面彩色釉面砖墙面	非黏土多孔砖墙	— 1:1水泥（或白水泥掺色）砂浆（细砂）勾缝 — 贴8~10厚外墙饰面砖，随贴随涂刷一道混凝土界面处理剂 — 6厚1:2.5水泥砂浆（掺建筑胶） — 12厚1:3水泥砂浆打扫毛或划出纹道	— 丁苯胶乳改性双组分填缝剂 — 8~10厚外墙砖 — 3~6丁苯胶乳改性双组分胶黏剂 — 10~20丁苯胶乳改性双组分预拌砂浆找平	陶瓷饰面砖 劈高砖

（续）

类别	墙面材料名称	墙体基面	做法（水泥砂浆）	做法（丁苯胶乳黏结剂）	图片
外墙饰面砖外墙面	陶瓷饰面砖墙面劈离砖墙面彩色釉面砖墙面	大规模混凝土墙	- 1:1水泥（或白水泥掺色）砂浆（细砂）勾缝 - 贴8~10厚外墙饰面砖，随贴随涂刷一道混凝土界面处理剂 - 聚合物水泥砂浆装修补平整	- 丁苯胶乳改性双组分填缝剂 - 8~10厚外墙砖 - 3~6丁苯胶乳改性双组分胶黏剂 - 10~20丁苯胶乳改性双组分预拌砂浆找平 - 1~3丁苯胶乳改性双组分界面剂	彩色釉面砖
		混凝土砌块墙、混凝土空心砌块墙	- 1:1水泥（或白水泥掺色）砂浆（细砂）勾缝 - 贴8~10厚外墙饰面砖，随贴随涂刷一道混凝土界面处理剂 - 6厚1:2.5水泥砂浆（掺建筑胶） - 素水泥一道（内掺水重5%建筑胶） - 5厚1:3水泥砂浆打底扫毛或划出纹道 - 聚合物水泥砂浆一道	- 丁苯胶乳改性双组分填缝剂 - 8~10厚外墙砖 - 3~6丁苯胶乳改性双组分胶黏剂 - 10~20丁苯胶乳改性双组分预拌砂浆找平 - 1~3丁苯胶乳改性双组分界面剂	
	陶瓷锦砖墙面玻璃马赛克墙面	非黏土多孔砖墙	- 白水泥擦缝或1:1彩色水泥细砂砂浆勾缝 - 5厚陶瓷（玻璃）锦砖（贴前锦砖用水浸湿） - 3厚建筑胶水泥砂浆（或专用胶）黏结层 - 素水泥一道（用专用胶黏结时无此工序） - 9厚1:3水泥砂浆打底压实抹平（用专用胶黏结时要平整）	- 丁苯胶乳改性双组分填缝剂 - 3~6厚锦砖 - 2~5丁苯胶乳改性双组分胶黏剂 - 10~20丁苯胶乳改性双组分预拌砂浆找平	陶瓷锦砖
		大规模混凝土墙	- 白水泥擦缝或1:1彩色水泥细砂砂浆勾缝 - 5厚陶瓷（玻璃）锦砖（贴前锦砖用水浸湿） - 3厚建筑胶水泥砂浆（或专用胶）黏结层 - 素水泥一道（用专用胶黏结时无此工序） - 9厚1:3水泥砂浆打底压实抹平（用专用胶黏结时要平整） - 聚合物水泥砂浆修补平整	- 丁苯胶乳改性双组分填缝剂 - 3~6厚锦砖 - 2~5丁苯胶乳改性双组分胶黏剂 - 10~20丁苯胶乳改性双组分预拌砂浆找平 - 1~3丁苯胶乳改性双组分界面剂	
		混凝土砌块墙、混凝土空心砌块墙	- 白水泥擦缝或1:1彩色水泥细砂砂浆勾缝 - 5厚陶瓷（玻璃）锦砖（贴前锦砖用水浸湿） - 3厚建筑胶水泥砂浆（或专用胶）黏结层 - 素水泥一道（用专用胶黏结时无此工序） - 9厚1:3水泥砂浆打底压实抹平（用专用胶黏结时要平整） - 混凝土界面处理剂（随刷随抹底灰）	- 丁苯胶乳改性双组分填缝剂 - 3~6厚锦砖 - 2~5丁苯胶乳改性双组分胶黏剂 - 10~20丁苯胶乳改性双组分预拌砂浆找平 - 1~3丁苯胶乳改性双组分界面剂	玻璃锦砖

6）石材、板材饰面墙，面材色彩丰富肌理多样，如图4-36~图4-39所示，主要基层对应的饰面做法工艺见表4-7、表4-8。

表 4-7　石材饰面墙

类别	封面材料名称	墙体基面	做法		图片
			做法（水泥砂浆）	做法（丁苯胶乳黏结剂）	
石材饰面	粘贴石材石材板石材碎拼	非黏土多孔砖墙	- 1：1 水泥砂浆（细沙）勾缝 - 贴 10~16 厚薄型石材，石材背面涂 5 厚胶粘剂剂 - 6 厚 1：2.5 水泥砂浆结合层，内掺水重 5% 建筑胶，表面扫毛或划出纹道 - 聚合物水泥砂浆一道 - 10 厚 1：3 水泥砂浆打扫毛或划出纹道	- 丁苯胶乳改性双组分填缝剂 - 10~25mm 厚外墙石材 - 5~8mm 丁苯胶乳改性双组分胶粘剂 - 10~20mm 丁苯胶乳改性双组分预拌砂浆找平	蘑菇石
		大规模混凝土墙	- 1：1 水泥砂浆（细沙）勾缝 - 贴 10~16 厚薄型石材，石材背面涂 5 厚胶粘剂剂 - 6 厚 1：2.5 水泥砂浆结合层，内掺水重 5% 建筑胶，表面扫毛或划出纹道 - 聚合物水泥砂浆一道 - 5 厚 1：3 水泥砂浆打扫毛或划出纹道 - 聚合物水泥砂浆修补平整	- 丁苯胶乳改性双组分填缝剂 - 10~25mm 厚外墙石材 - 5~8mm 丁苯胶乳改性双组分胶粘剂 - 10~20mm 丁苯胶乳改性双组分预拌砂浆找平 - 1~3mm 丁苯胶乳改性双组分界面剂	花岗石碎拼
		混凝土砌块墙混凝土空心砌块墙	- 1：1 水泥砂浆（细沙）勾缝 - 贴 10~16 厚薄型石材，石材背面涂 5 厚胶粘剂剂 - 6 厚 1：2.5 水泥砂浆结合层，内掺水重 5% 建筑胶，表面扫毛或划出纹道 - 聚合物水泥砂浆一道 - 5 厚 1：3 水泥砂浆打扫毛或划出纹道 - 混凝土界面处理剂一道	- 丁苯胶乳改性双组分填缝剂 - 10~25mm 厚外墙石材 - 5~8mm 丁苯胶乳改性双组分胶粘剂 - 10~20mm 丁苯胶乳改性双组分预拌砂浆找平 - 1~3mm 丁苯胶乳改性双组分界面剂	花岗石冰裂纹碎拼
	挂贴石材（配有钢筋网）	非黏土多孔砖墙、混凝土墙、混凝土砌块墙、加气混凝土墙	- 稀水泥浆擦缝 - 20~30 厚石材板，由板背面预留穿孔（或沟槽）穿 18 号钢丝（或 24 不锈钢挂钩）与双向钢筋网固定，石材板与砖墙之间空隙层内用 1：2.5 水泥砂浆灌实 - φ6 双向钢筋网（中距按板材尺寸）与墙内预埋钢筋（伸出墙面 50）电焊（或 18 号低碳镀锌钢丝绑扎） - （砖墙）墙内预埋 φ8 钢筋，伸出 50，横向中距 700 或按板材尺寸。竖向中距每 10 皮砖 - （混凝土墙）墙内预埋 φ8 钢筋，伸出 50，或预埋 50×50×4 钢板，双向中距 700 - （砌块墙体）需构造柱及水平加强梁，由结构专业设计 - 9 厚 1：3 水泥砂浆打底压实抹平（用专用胶黏结时要求平整）	- 丁苯胶乳改性双组分填缝剂 - 20~30 厚外墙石材，由板背面预留沟槽，采用石材干挂胶粘贴不锈钢片，18 号铜丝与不锈钢片连接并采用钢钉固定至结构层 - 5~8 丁苯胶乳改性双组分胶粘剂 - 10~20 丁苯胶乳改性双组分预拌砂浆找平	花岗石挂贴

（续）

类别	封面材料名称	墙体基面	做法		图片
			做法（水泥砂浆）	做法（丁苯胶乳黏结剂）	
石材饰面	干挂天然石材墙面		L形挂件 横龙骨 竖龙骨 钢角码 预埋件 花岗石板 L形挂件 L形缝挂式 注：本图以缝挂式干挂石材幕墙为例，图示节点为密缝式节点。亦可做成开放式节点，竖缝做防水处理，安装防水条。	竖龙骨 花岗石板 铝合金挂件 背栓 横龙骨 钢角码 预埋件 背栓挂式 注：本图以背挂式干挂石材幕墙为例，图示节点为密缝式节点。亦可做成开放式节点，即横缝完全开放，竖缝应做防水处理，安装防水条。	

表 4-8　板材及格栅饰面墙

类别	墙面材料名称	墙体基面	做法	图片
板材	干挂铝塑复合板蜂窝结构金属板	非黏土多孔砖墙、混凝土墙、混凝土砌块墙、加气混凝土墙	4~25 金属板材接缝处填充聚乙烯发泡条，外注密封胶闭缝 金属板材用抽芯铆钉或自攻螺钉固定于铝方型材横纵方向龙骨上，板材带折边采用搭接式，带挂耳采用对接式 60×60×4 铝方型材龙骨，横向间距同金属板材宽度，纵向间距同金属板材长度，用螺栓与角钢连接，角钢用膨胀螺栓固定于墙体上（砌块类墙体应有构造柱及水平加强梁，由结构专业设计）	
	干挂金属条形扣板		金属条扣板长方向一个延伸摆弄、边用抽芯铆钉或自攻螺钉固定于龙骨上，下一扣板的扣板延伸边卡入前一扣板延伸边凹口内，再用螺钉固定扣板另一延伸边，按顺序逐条安装 60×60×4 铝方型材龙骨，布置方向与条形扣板的长向垂直，间距 600，用螺栓与角钢连接，角钢用膨胀螺栓固定于墙体上（砌块类墙体应有构造柱及水平加强梁，由结构专业设计）	
	耐候板镜面不锈钢板		□50×50×4 方钢管龙骨 10 厚锈板 调节垫块 4 厚 U 型钢支撑 预埋件 -100×100×5 2ϕ6 L=150 非黏土砖砌墙	耐候板　彩色不锈钢板 镜面不锈钢板　压花不锈钢板

（续）

类别	墙面材料名称	墙体基面	做法	图片
格栅	干挂木格栅装饰	非黏土多孔砖墙、混凝土墙、混凝土砌块墙、加气混凝土墙	装饰木条 规格、颜色由设计人定 30×30L，防腐木板 30×30×4 方钢管龙骨 20 厚 1：2.5 水泥砂浆找平层 非黏土砖墙砌筑 预埋件 −100×100×5 2ϕ8 L=150	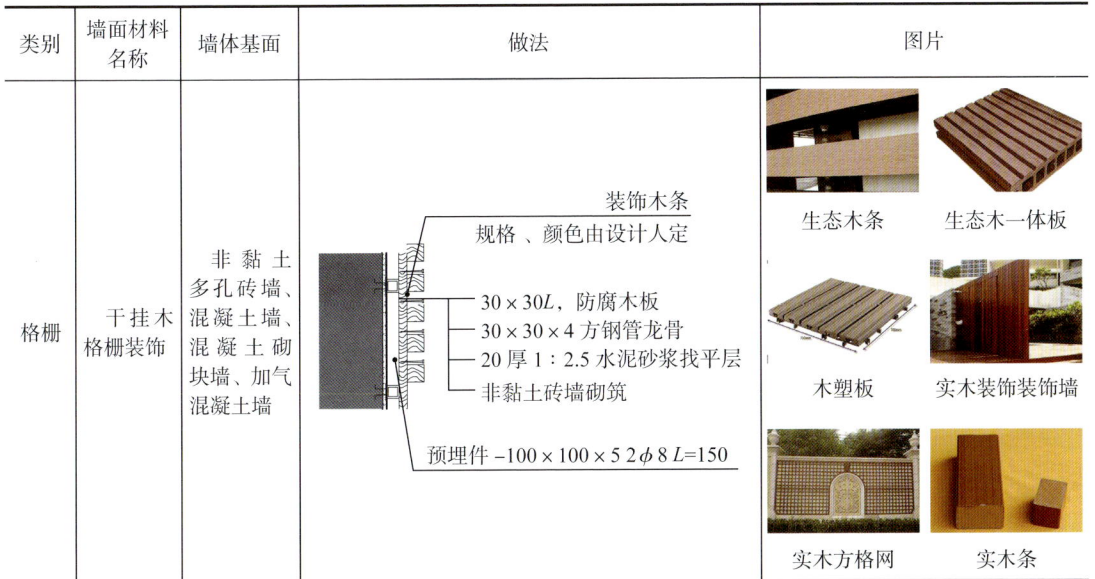 生态木条　生态木一体板　木塑板　实木装饰装饰墙　实木方格网　实木条

图 4-36　干挂天然石材　　　　图 4-37　干挂铝材复合板

图 4-38　耐候板墙　　　　　　图 4-39　干挂木格栅墙

第四节 景墙的做法图解

在方案设计阶段对景墙的平面构成、风格样式、色彩质感进行推敲设计后，进入方案深化设计阶段即初步设计阶段。这一阶段的主要任务是根据施工图深度要求完成景墙地上部分的设计图，包括景墙的顶平面图、平面图、立面图（见图4-40~图4-42）、细部大样图等。本阶段要确定墙体的构造做法以及外饰面做法，外饰面做法包括压顶、墙身所用材料的品种，尺寸，颜色，质感，面砖、石材、板材拼挂方式等。如果外饰面材料不是涂料时，需要贴面材料尺寸与构造尺寸相互联系确定景墙的最终完成尺寸。构造做法会在后文详细介绍。有时从确定适合的构造做法反推回景墙的外部尺寸时，会影响到方案效果，需要对方案进行再次推敲。这便是方案深化设计的目的。

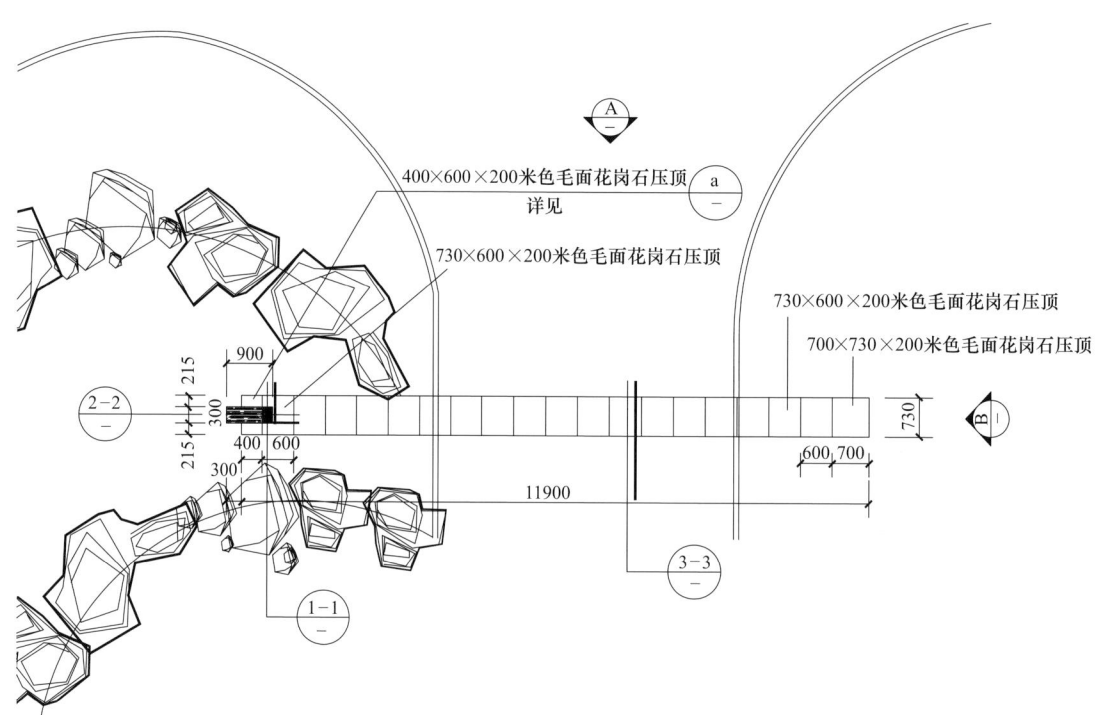

图4-40 流水景墙顶平面图

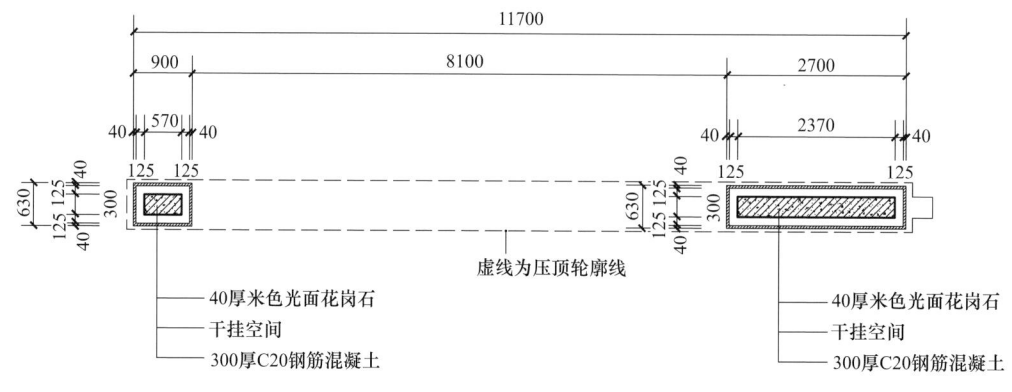

图4-41 流水景墙平面图

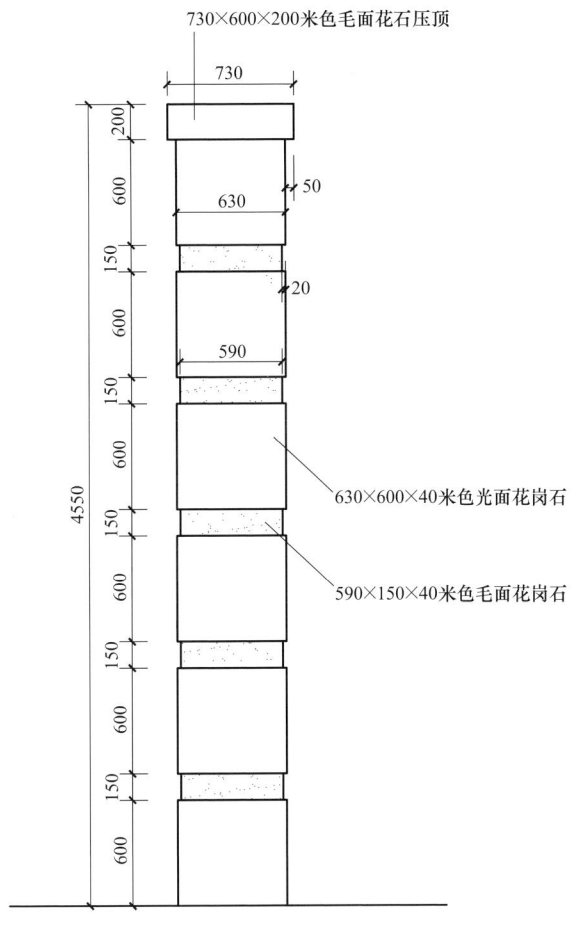

流水景墙B立面图

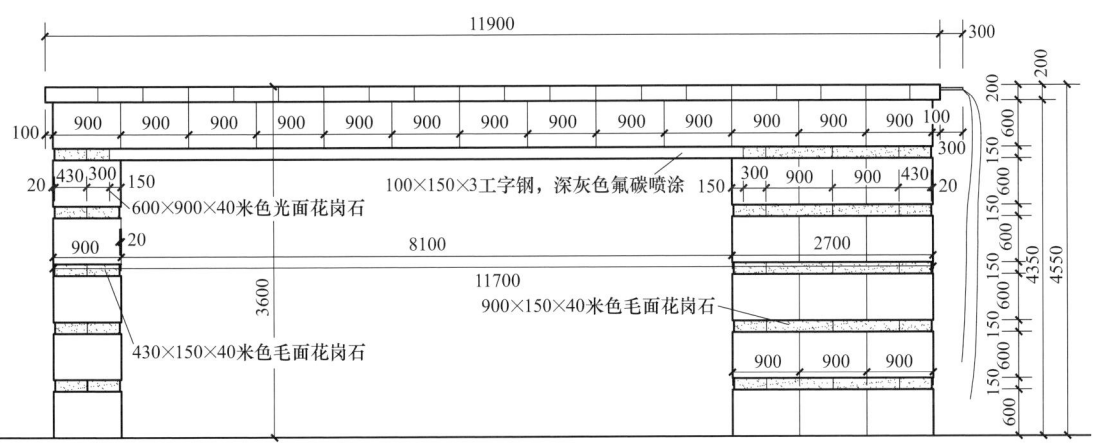

流水景墙A立面图

图4-42 流水景墙立面图

方案深化设计完成后,进入下一阶段施工图设计。本阶段的主要任务是完成景墙地下基础部分的设计,以及初步设计没有说明的细部构造做法(见图4-43~图4-47)。地下基础部分的具体做法会在后文介绍。

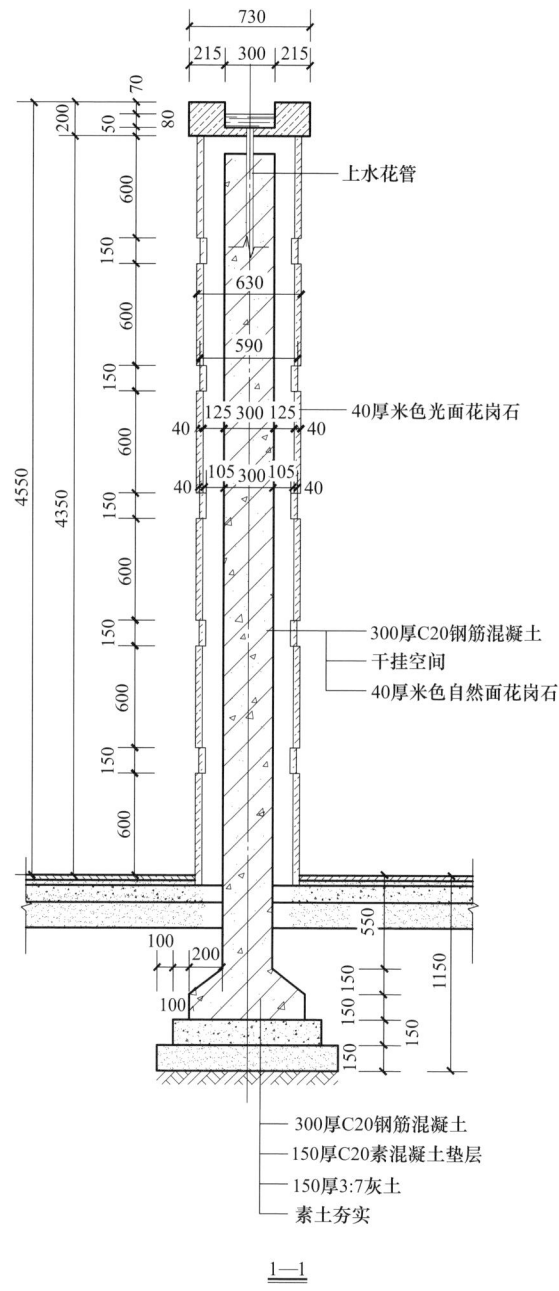

图4-43 景墙剖面图

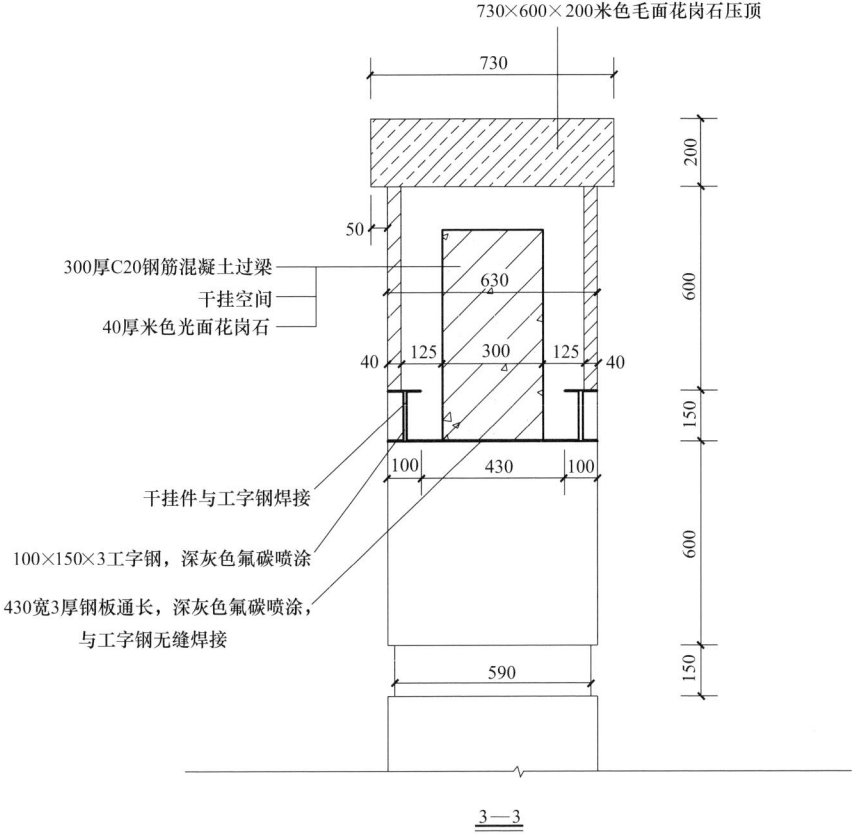

图 4-44 景墙梁剖面图

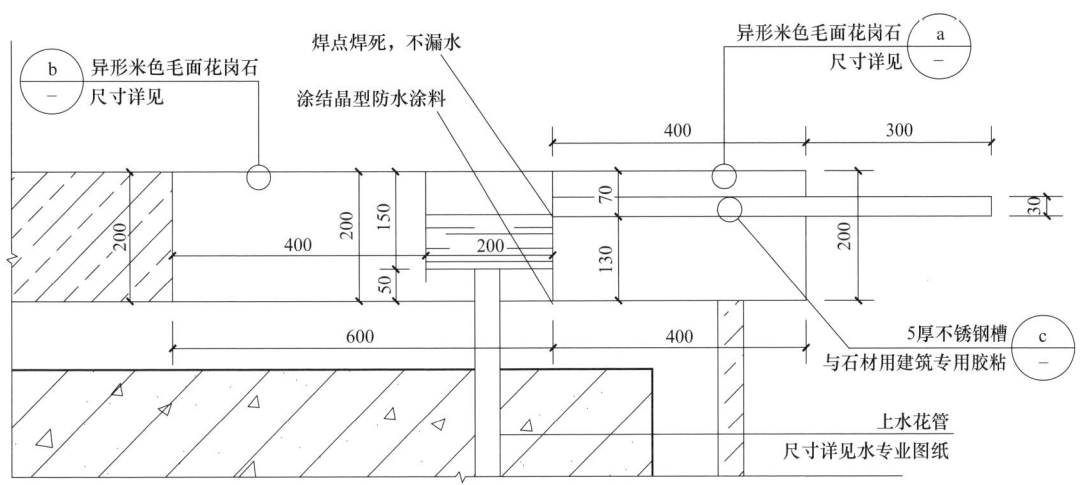

图 4-45 景墙流水槽剖面图

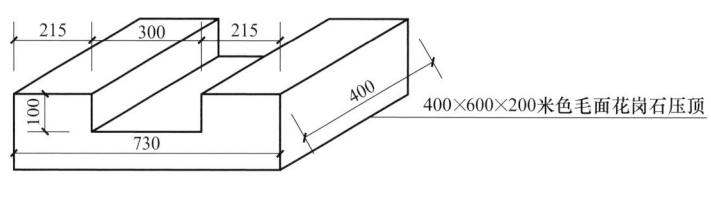

图 4-46 景墙异型压顶石材详图(一)

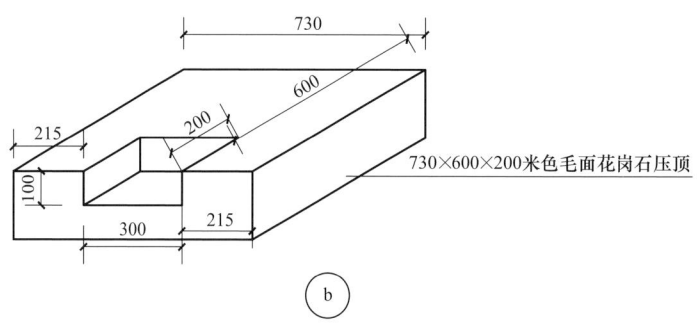

图 4-47 景墙异型压顶石材详图(二)

一、景墙墙体的构造做法

景墙墙体的构造做法可分为三类：砌体实体结构（见图 4-48~图 4-50）、钢筋混凝土结构（见图 4-51）、轻钢结构。这三种构造做法各有优缺点。

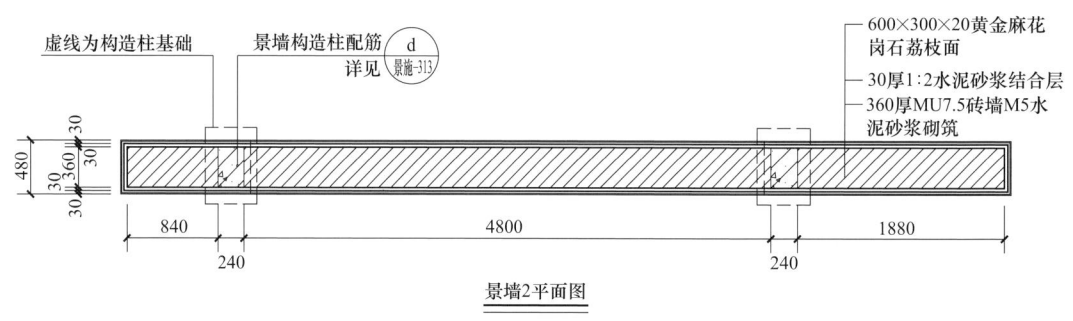

图 4-48 砌体景墙 2 平面图

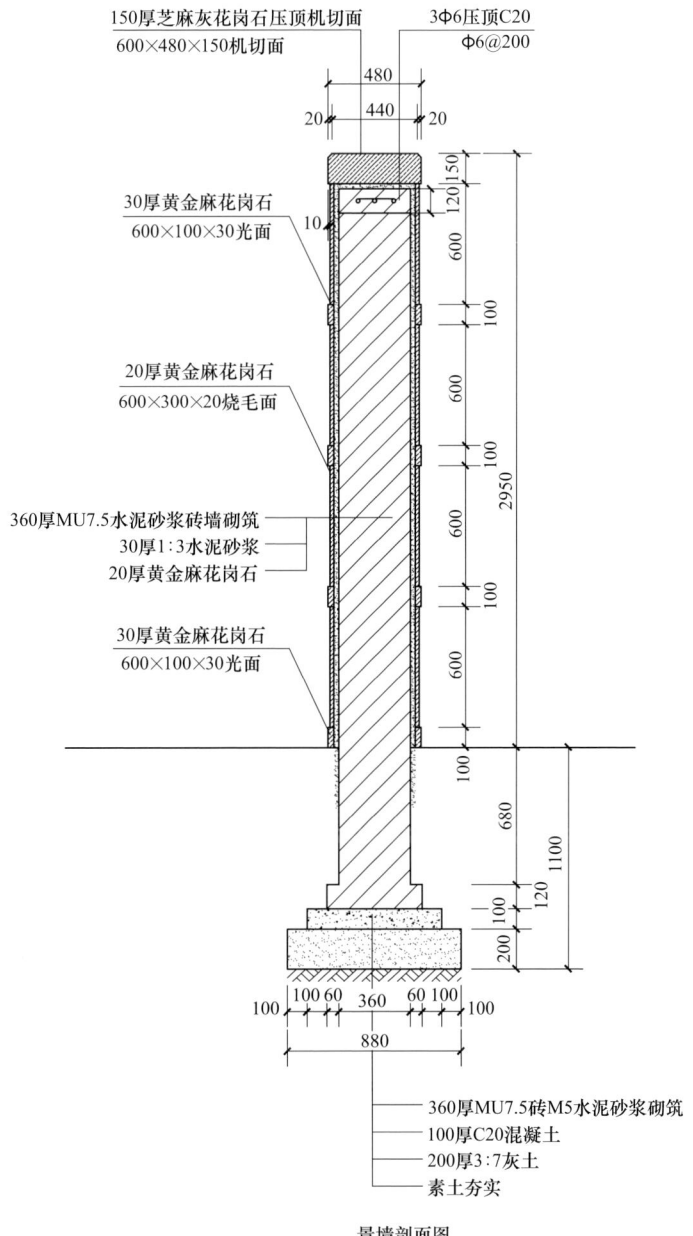

图 4-49 砌体景墙剖面图

图 4-50　砌体景墙结构完成实景图

图 4-51　钢筋混凝土结构完成实景图

砌体实体结构的优点在于便于就地取材、造价低、施工难度低；缺点是强度低、自身抗震能力差，不适宜大体量景墙。此外，由于受砌块形态所限，异形设计施工难度大。

钢筋混凝土结构（见图 4-52、图 4-53）的优点在于取材容易，耐久性、耐火性、可塑性、整体性好；缺点是钢筋混凝土结构抗裂性较差，受拉和受弯等构件在正常使用时往往带裂缝工作，对一些不允许出现裂缝或对裂缝宽度有严格限制的结构，要满足这些要求就需要提高工程造价。

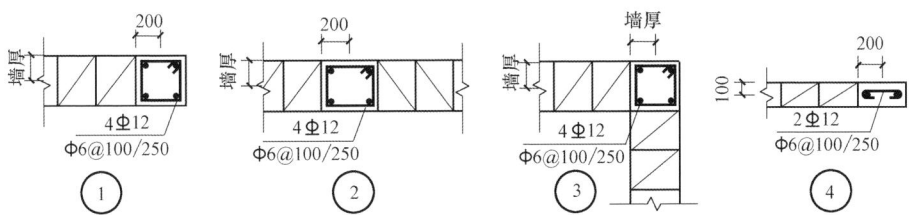

图 4-52 钢筋混凝土景墙柱节点配筋详图

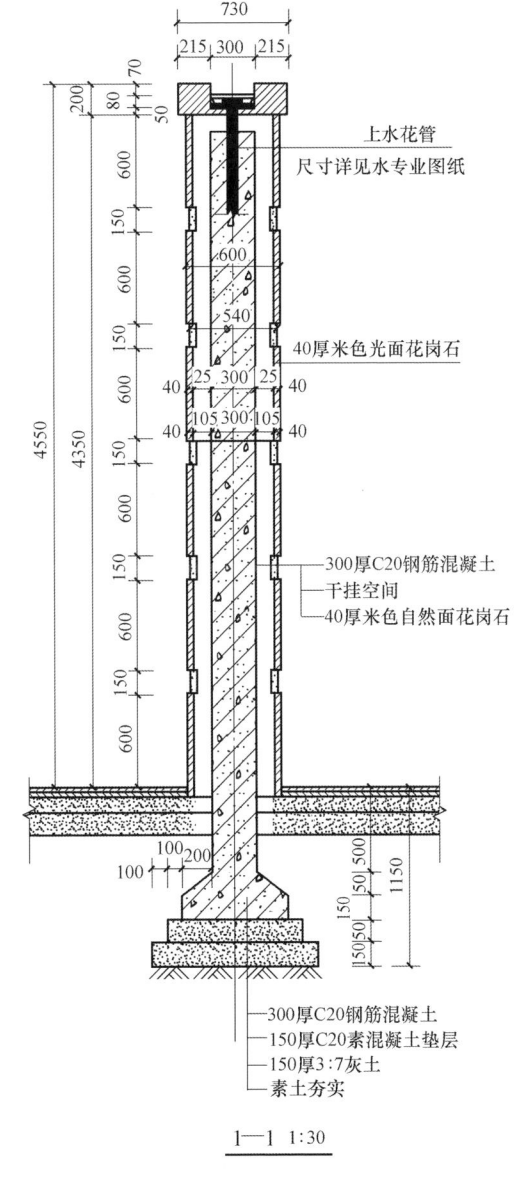

图 4-53 钢筋混凝土景墙剖面图

轻钢结构（见图 4-54）的优点在于抗风性、抗震性、耐久性、耐火性能好；缺点在于造价高。

从外饰面形式来看，一般抹灰墙、饰面抹灰墙、涂料墙、饰面砖墙、粘贴石材饰面墙、挂贴石材饰面墙可采用砌体实体结构或钢筋混凝土结构；干挂石材、板材等多采用轻钢结构。墙体结构具体采用何种做法，需综合当地基础条件、工期、造价等多方面因素决定。

图 4-54　墙体上半部分轻钢结构

二、墙体的伸缩缝和沉降缝

伸缩缝（见图 4-55）：当建筑物较长时为避免建筑物因热胀冷缩较大而使结构构件产生裂缝所设置的变形缝。设置伸缩缝时通常是沿建筑物长度方向每隔一定距离或结构变化较大处在垂直方向预留缝隙，将基础以上的建筑构件全部断开，分为各自独立的能在水平方向自由伸缩的部分。基础部分因受温度变化影响较小，一般不须断开。

伸缩缝宽度一般为 20~40mm，通常采用 30mm。墙体伸缩缝一般做成平缝形式，当墙体厚度在 240mm 以上时，也可以做成错口缝、企口缝等形式。

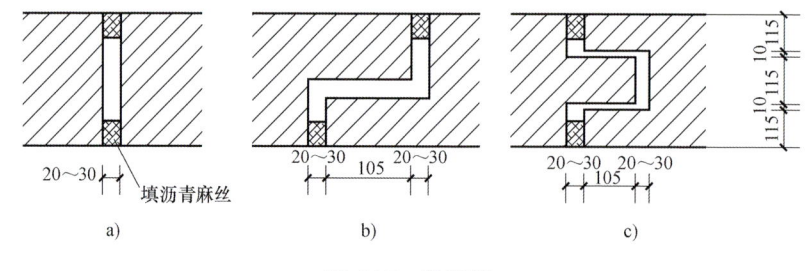

图 4-55　伸缩缝
a）平缝　b）错口缝　c）企口缝

沉降缝：为防止结构各部分由于地基不均匀沉降引起房屋破坏所设置的垂直缝。当结构相邻部分的高度、荷载和形式差别很大而地基又较弱时，有可能产生不均匀沉降，致使某些薄弱部位开裂。为此，应在适当位置如复杂的平面或体形转折处，高度变化处，荷载、地基的压缩性和地基处理的方法明显不同处设置沉降缝。

沉降缝与伸缩缝不同之处是除屋顶、楼板、墙身都要断开外，基础部分也要断开，使相邻部分也可以自由沉降、互不牵制。沉降缝不但应贯通上部结构，而且也应贯通基础本身。沉降缝应考虑缝两侧结构非均匀沉降倾斜和地面高差的影响。抗震缝、伸缩缝在地面以下可不设缝，连接处应加强。但沉降缝两侧墙体基础一定要分开。

第五节　景墙设计案例图解

一、中式古典景墙案例简介

图 4-56　中国传统园林的造园（北方皇家园林部分）

图 4-57　中国传统园林的造园（私家园林部分）

109

1. 设计构思

项目旨在通过展示中国传统园林的造园（见图4-56、图4-57）艺术来推动不同文化之间的交流。因此设计构思来源于两个方面：一是对中国传统园林的分析；二是将中国传统园林的特色与场地特征有机结合。中国传统园林是中国传统文化的重要组成部分，作为一种载体，特色鲜明地折射出中国人自然观、人生观和世界观的演变，蕴含了儒、释、道等哲学或宗教思想及山水诗、画等传统艺术的影响。中国传统园林可分为皇家园林与私家园林两大类。

我们结合场地现状的两个主要区域，在场地南侧以疏林草地为主的区域内，设计了代表中国皇家园林特色的方泽院景区，如图4-58所示；在场地北侧百合池塘周边以水为主的区域内，设计了代表中国私家园林特色的百合池塘景区，如图4-58所示。

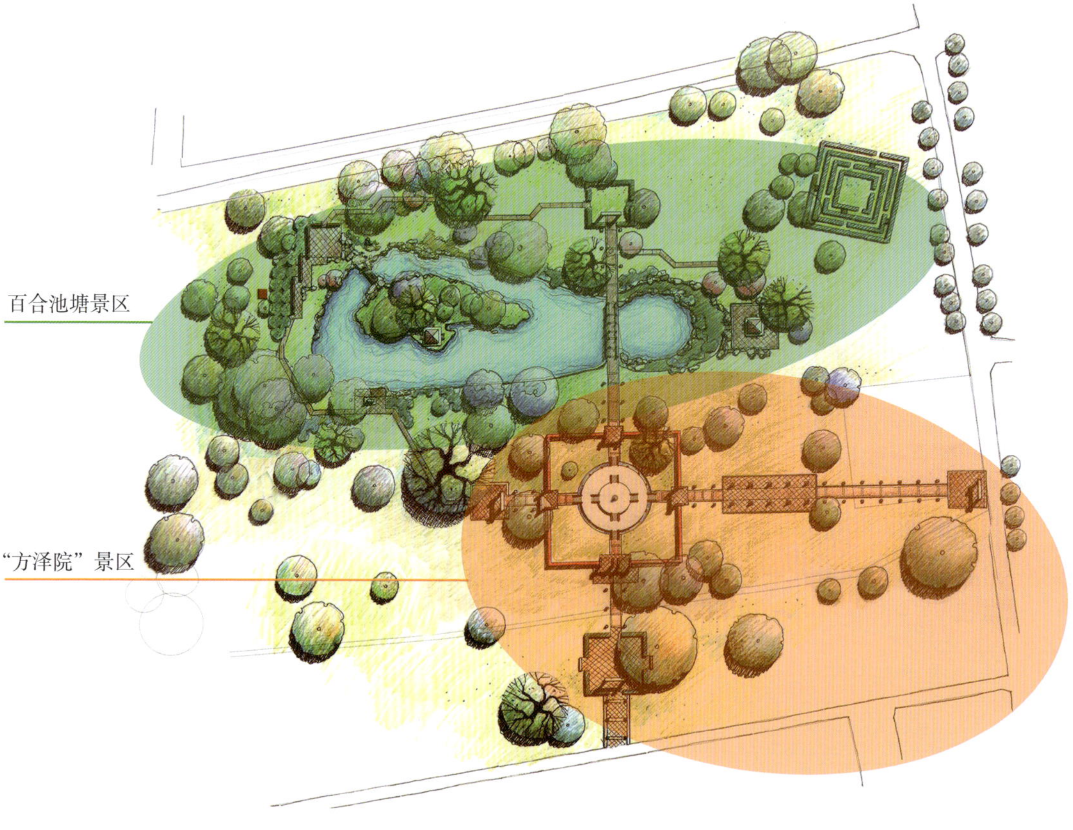

图4-58 场地南侧的方泽院景区和场地北侧的百合池塘景区

2. 设计难点

场地中池塘需维持原状；整个区域散布许多需要保留的百年树龄的大乔木，空间被割裂，在有限的场地空间内完成中国古典园林的精华再现，并且兼具北方园林的端庄及江南园林的秀美。项目位于加勒比海地区，雨季飓风强劲，景观构筑物结构、基础以及装饰构建须十分牢固，保证安全。此外，由于是海外项目，对于材料的选择运用以及预算造价的控制也是相当严格。

3. 图解设计流程及经验分享

场地南侧的方泽院景区主要表现皇家园林的特色，以象征天圆地方的方形围墙与圆形平台（见图4-59）为主要特征。围墙采用传统琉璃瓦与红色墙身，四边中部设置石质棂星门（见图4-60），起到围合主景空间的作用。

南侧主入口处设计一字影壁广场（见图4-61），借鉴传统建筑设计入户遮挡视线，障风避讳的手法，同时也起到了与南侧甬路端景的参天大树遥相呼应的作用。

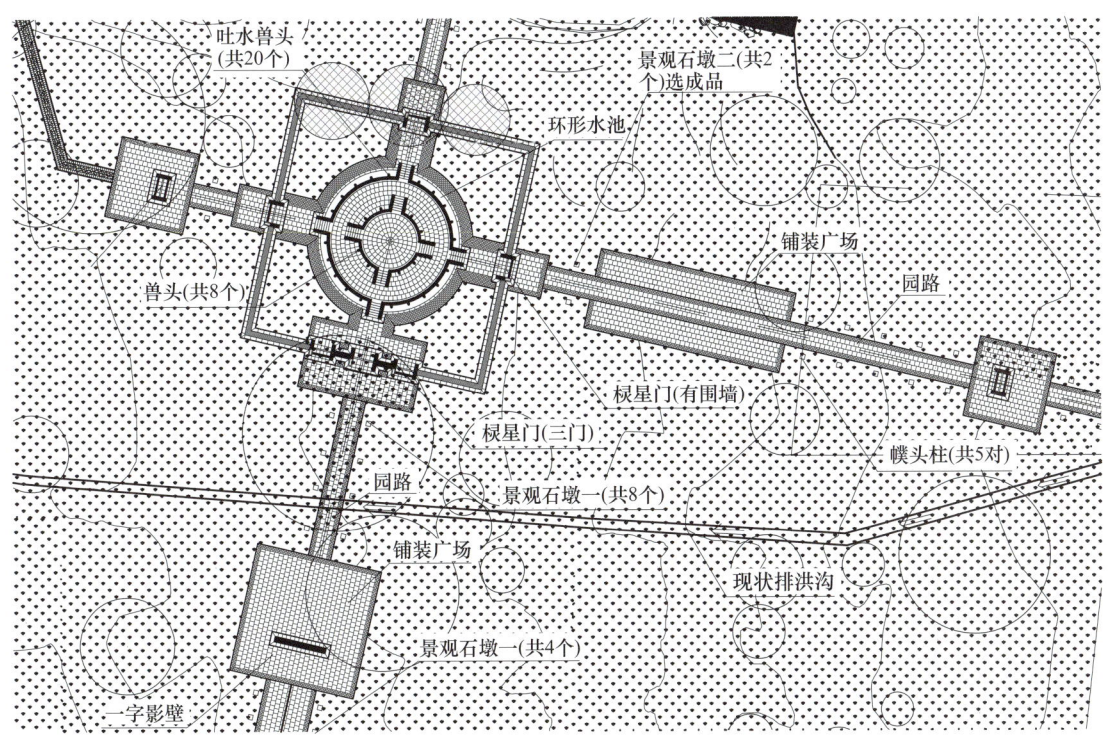

图4-59　四方围墙与圆台

图4-60　石质棂星门

图4-61　一字影壁广场

场地北侧的百合池塘景区主要表现私家园林特色，以多处围绕水边的小型景点为主要特征（见图4-62）。蕴含私家园林意趣的小竹别院以黛瓦白墙（见图4-63）结合传统卵石拼花铺装（见图4-64）与现状茂密的竹林相映成趣。花格窗景墙以及月洞门景墙起到疏导交通、限定停留空间的作用。夕阳余晖洒在花格粉墙上，树影婆娑，别有一番韵味。

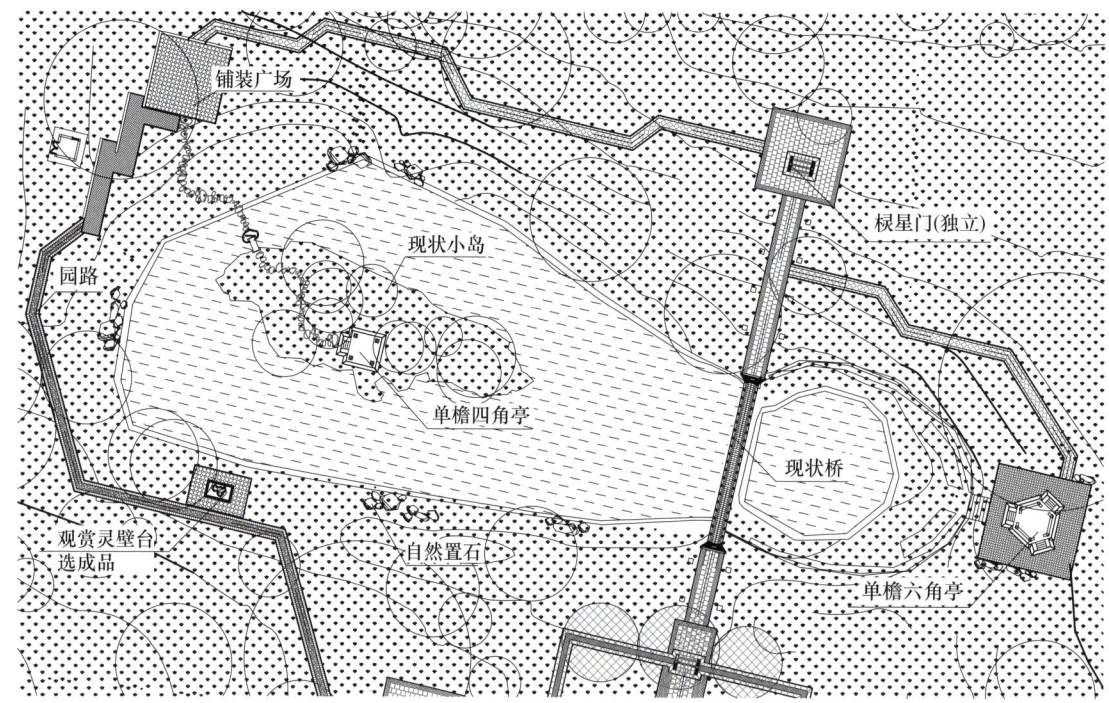

图 4-62 百合池塘景区特征

图 4-63 黛瓦白墙

图 4-64 卵石拼花铺装

4. 景墙施工设计

本项目设计的一座一字影壁墙、三座粉黛墙及四方围墙均采用当地砌块加钢筋混凝土构造柱砌筑的方法。一字影壁墙外饰面为大停泥（金鹰粉粘贴），软心、岔角花、中心花为砖牡丹，墙帽为三号筒瓦，底座为须弥座。粉黛墙外饰面为白色涂料，墙帽为合瓦和清水瓦，底部为大停泥（金鹰粉粘贴）。四方围墙外饰面为暗红色涂料，墙帽为黄琉璃，底部为大停泥（金鹰粉粘贴）。

根据项目考察报告可知当地风荷载巨大，因此景墙构造柱间距比常规做法要小很多。

由于场地施工范围内有百年树龄大乔木，地下根系发达，预测进行景墙基础施工时会遇到不可断根处理的情况，因此结构图给出遇此情况时的解决办法。

5.景墙施工流程

一套完整的景墙施工图应当包括顶平面图、平面图、立面图、剖面图、节点大样图，顶平面图、节点大样图、构造剖面图及结构配筋图如图 4-65~ 图 4-68 所示。若立面设计形式复杂，材料品种较多，需单独绘制立面材料排版节点图。本项目景墙构造做法为砌块加钢筋混凝土构造柱，地下为条形基础。施工开挖后，根据结构图，实行施工流程（图 4-69~ 图 4-75）下基础钢筋，同时支模浇筑混凝土。完成后进行墙体构造柱钢筋的绑扎以及砌块的砌筑，最后完成顶部钢筋结构。

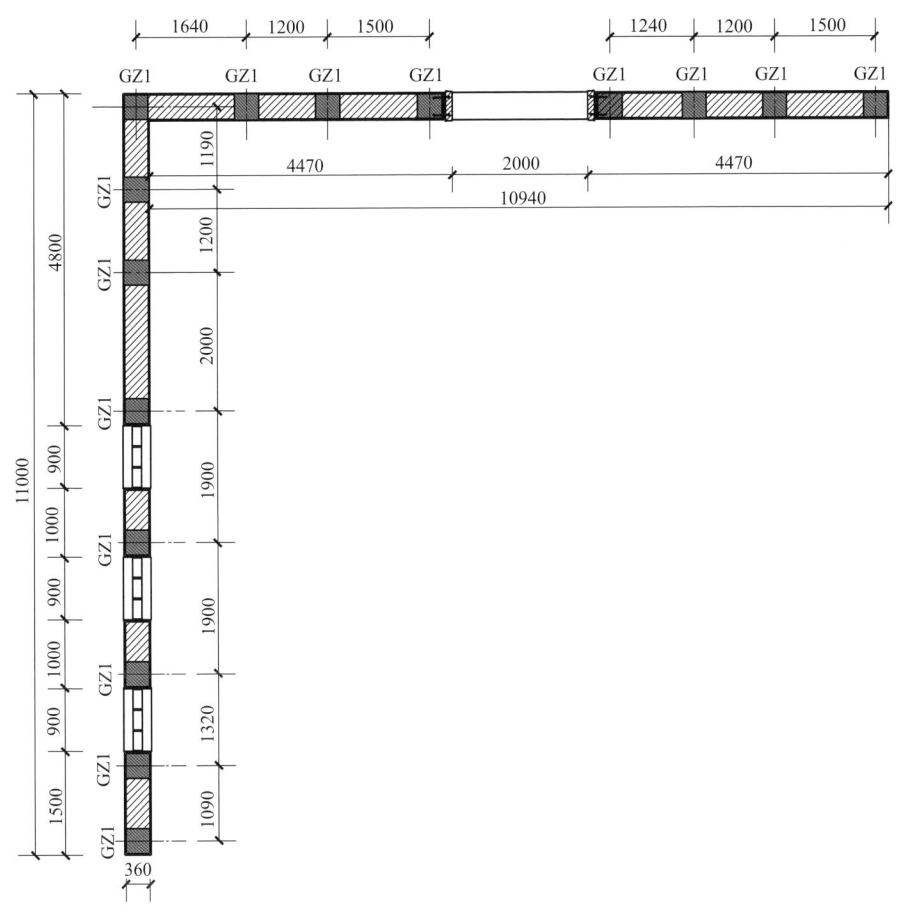

图 4-65　顶平面图

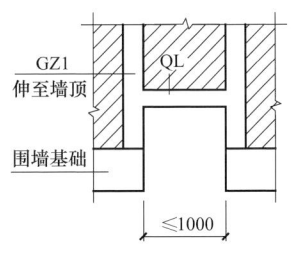 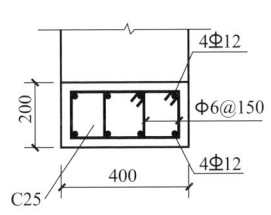 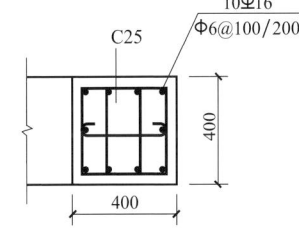

图 4-66　节点大样图

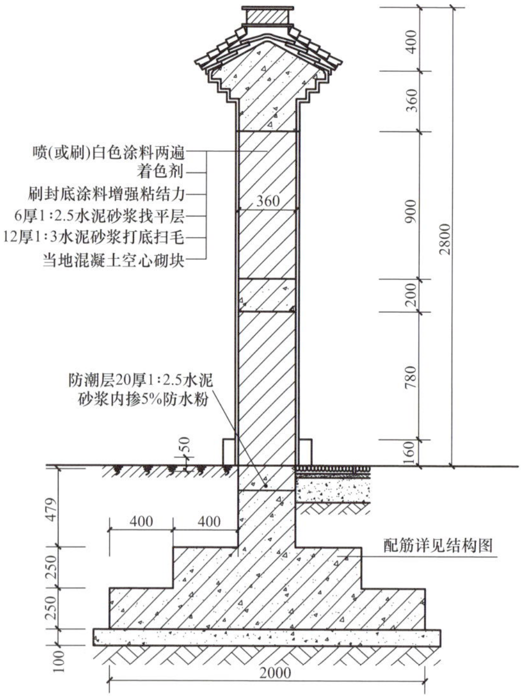

图 4-67　构造剖面图

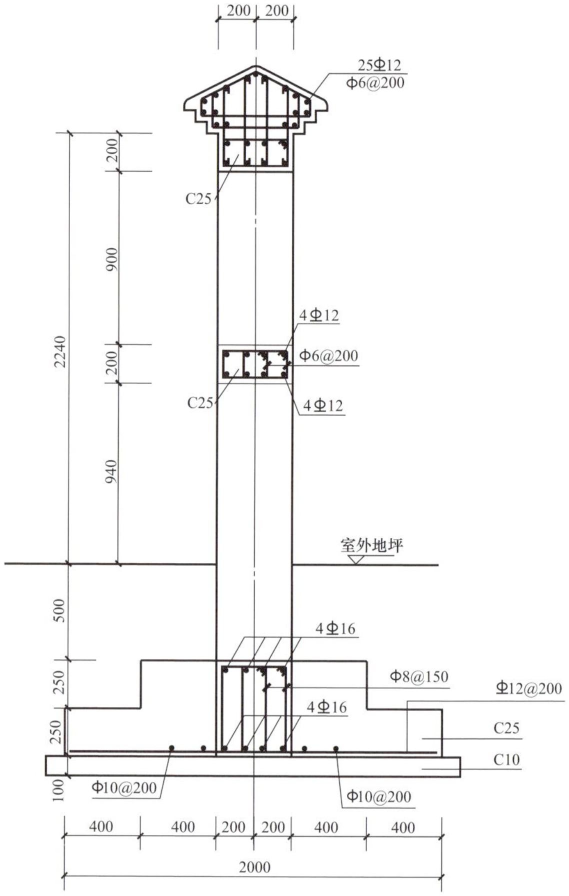

图 4-68　结构配筋图

图 4-69　墙帽结构施工过程

图 4-70 构造柱施工过程

图 4-71 墙身砌筑

图 4-72 墙身抹灰

图 4-73 景墙完成

图 4-74 棂星门建成

图 4-75 坛城修建完成

基础施工完成后，需要对墙体外饰面进行涂料装饰，具体做法为基层抹灰找平（见图4-72），披挂两道防水腻子，外刷暗红色或白色涂料，涂料颜色需要现场调配后局部试色，经由设计师确认效果后方可大面积上色。墙顶根据具体做法进行挂瓦。一字影壁墙外饰面中心为四尺方砖的软心，四周是大停泥砖丝缝墙体。景墙施工所需砖、瓦、砖雕纹样、成品花格窗等在工程开始前，需要进行材料封样。由于本项目的特殊性，基础施工材料如钢筋、水泥、砂子、砌块等为当地采购，外饰面用材全部为国内海运。全部工程完成后，需对局部瑕疵处进行修补加工。

二、现代居住区景墙案例简介

1. 设计构思

本项目为北京市的保障性住房，景观设计将该地区传统邻里生活方式进行重新整合，秉承构建"新·生活空间"的设计理念，通过合理的功能分区、集中的娱乐休闲交往空间、整体的自然生态观念、美好的家园记忆、日常的生活管理，得出了保障性住房的五个需求，即功能、交往、生态、艺术和维护需求。项目分为公共活动空间、庭院空间和私密空间。三个尺度的空间，给不同人群创造了不同感受的活动场所，体现出生态、经济、休闲的设计原则。

2. 设计难点

整个小区多种的空间属性，需要通过重要的构筑物如景墙（见图4-76、图4-77），结合种植设计、竖向设计等，营造舒适宜人的氛围。而景墙根据不同的空间类型，有障景、对景、围合空间等不同的表达方式。在园区中一些无法避开的不利因素如人防出入口、配电箱等位置，利用景墙加以合理的设计遮挡，解决了实际问题的同时也是一处别致的景观。

图4-76 构筑物景墙分割多种的空间属性

图4-77 构筑物景墙划分空间的丰富性

3. 图解设计流程及经验分享

景观构筑物的设计理念借鉴了20世纪初期形成的草原风格，保留了横向水平线条的设计精髓，在周遭都是高层建筑的空间中水平线条的延伸从视觉上放大了场地。从图4-78中可以清晰地看出，高低错落的一字景墙穿插在场地中间，或作为场地的入口，抑或是拉近远处种植组团景观的框景。

景墙设计看似简单，实则在高度、长度、平面位置、立面开窗、开洞位置和尺寸上做了严谨的推敲（见图4-79、图4-80）。景墙压顶采用150mm厚芝麻灰花岗石整石压顶，没有多余的线脚和装饰，厚重朴实的草原风格扑面而来。立面采用和建筑一致的米黄色石材贴面，两块300mm宽的黄金麻花岗石荔枝面中间以120mm宽的黄金麻花岗石自然面作分割，粗糙的肌理使得细腻的墙身多了温暖的亲切感。同时，也进一步强调了景墙的横向延伸感。

第四章 景 墙
Chapter 4

图 4-78 高低错落的一字景墙

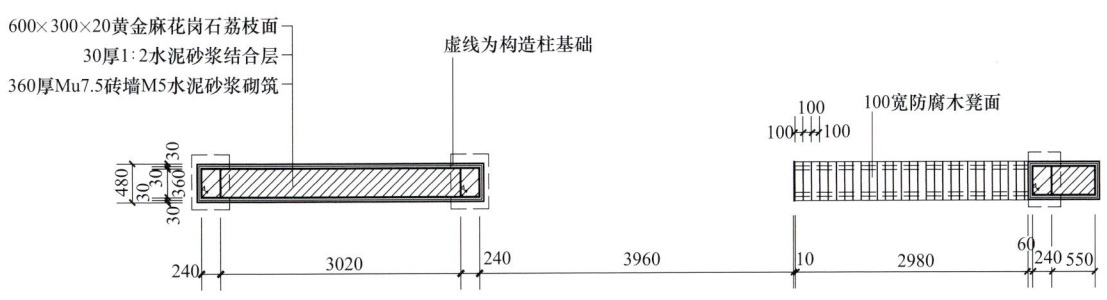

图 4-79 景墙 3 平面图

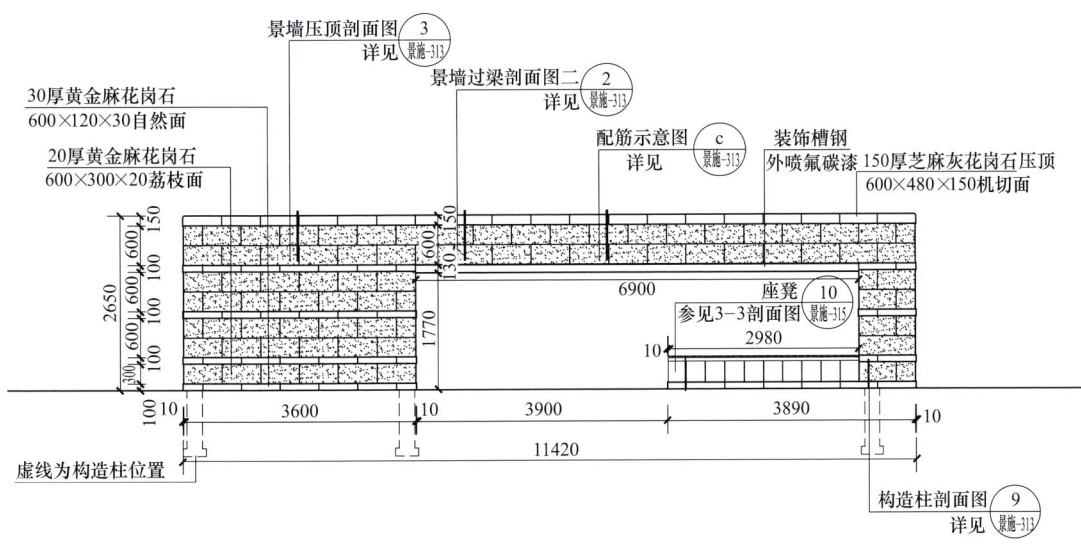

图 4-80 景墙 3A 立面图

117

景墙的整体结构采用砖砌加构造柱的形式（见图4-81、图4-82）。这种方式适用于墙高3m以下，景墙平面形式为直线形或折线形的设计。此方式有施工工艺简单、工期短、造价低的优点。对于需要留洞或开窗的景墙，在浇筑完钢筋混凝土钢梁，成型脱模之前，底部可做支撑（见图4-83）。

图4-81　砖砌加构造柱的形式

图4-82　砖砌加构造柱景墙施工过程图

图4-83　混凝土过梁

设计中可以过人的景墙洞口（见图4-84）高度2m左右，而施工时，在浇筑过梁前，设计师根据现场情况将景墙整体提高30cm，减少了穿行时人的压抑感。过梁下的钢梁也在现场作了调整，原设计图两侧为通长槽钢，与扁钢焊接。现场施工时，由于施工水平所限，按图施工在衔接处会出现明显焊点，由于距离人视线很近，效果不佳。经过调整后，过梁底部为一整片扁钢，与两侧的C型钢焊接（见图4-85），这样焊点隐藏在凹槽内部，视觉效果良好。

图4-84 过梁式景墙实景

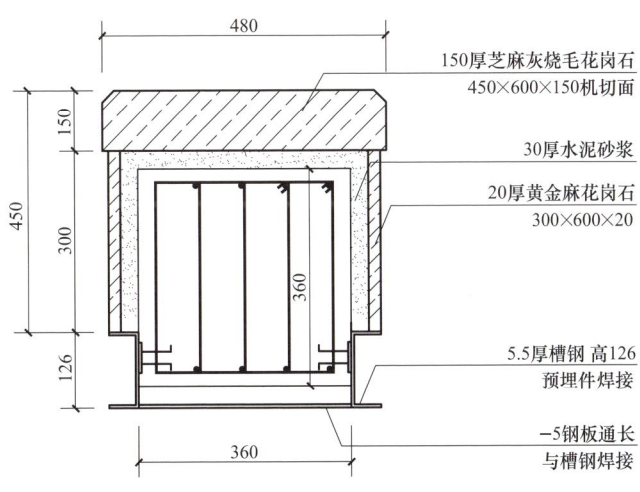

图4-85 景墙过梁剖面图

4. 经验总结

在进行立面石材贴面选材时，要注意石材的产地、批次是否一致。不同产地同一批次的石材会在色泽、纹理上有不同；而同一产地不同批次的石材也会有细微差别，在施工过程中如果发现有颜色不匀的现象需要及时调整更换，保证墙面的景观效果。此外，由于北方地区水质较硬，采用水泥砂浆贴面的墙面后期可能会产生反碱现象（见图4-86、图4-87），为避免这种情况发生，图纸中需注明使用防水砂浆。

图4-86　围合空间的景墙

图4-87　产生反碱现象的墙

第五章 管理类景观小品

第一节 围墙、围栏、栏杆

一、景观设计中常用管理类围墙表现形式

这里提出的常用管理类围墙形式主要有：实体围墙、围栏、栏杆。根据不同的景观设计管理、功能需求，采选不同围墙、围栏、栏杆表现形式或组合使用。

（一）围墙的起源发展及作用

现有历史资料还没有完整的记载，但有关史料考证早期的苑囿篱笆墙便是围墙的早期雏形。原始社会，原始人捕获到猎物，圈养驯养猎物，使其繁殖，为了在不宜狩猎的季节食用，并无防御作用。据推断，在奴隶社会，就有该围墙之名了，因为那时奴隶主有庄园，他们要把奴隶圈在一起劳动，以免他们逃跑，这就势必要有围墙。

能够满足管理的需要、在没有地形高差的区域景观设计围墙，墙体内外有地形高差的区域则应以挡土围墙替代，以体现景观小品的完整性、安全性设计。无论是哪一种管理小品，除了自身的功能外，还兼具美观装饰意义。围墙虽然不是景观构筑物的主要元素，但是由于其延伸纵向的大体量尺寸，因此在景观中的美学影响也是不可忽视的。直至今日，围墙不但保留其原始的功能和作用，而且还起着划分各种区域空间和提升景观品质的作用，不断注入的艺术内涵使围墙已成为景观小品中一道靓丽独特的风景线。

（二）围墙的功能

围墙形式主要有：实体围墙（见图5-1）、围栏、栏杆（见图5-2）。

1. 防护功能，创造安全感

围墙可以设置在需要防护的区域。根据地形、地貌的变化，或是地势落差较大的场地边缘，隔离不同的管理区域；常见的如高墙深宅的院墙；大型动物圈养区的围栏，如桥边、岸边、崖边、驳岸边的栏杆；动物园狮虎山与游人区的栏杆；均是出于安全设置考虑的。

图 5-1 实体围墙

图 5-2 栏杆

2. 分隔空间

围墙用于不同使用功能的区域划分。场地为不同的从属性时，需要以不透视墙体划分空间，建合式围墙。如果是草坪一类较为开敞的空间，不允许逾越，但可透视，则可使用栏杆或围栏，如绿地中的围栏（见图5-3）、分离机动车和行人的栏杆（见图5-4）、大型集会时疏散人流防止拥挤划分空间的防爆疏散围栏（见图5-5）等。

图 5-3　透视的栏杆或围栏

图 5-4　分离机动车和行人的栏杆

图 5-5　划分空间的防爆疏散围栏

3. 装饰环境和美观的需要

设计要求环境规整化或须点缀周边环境，兼有安全感。分隔空间需要建设围栏，但较私密性的居住区，当住户有防护需求时，就要运用不透的围墙了（见图 5-6、图 5-7）。

图 5-6　大门口运用不透的围墙　　　　　　图 5-7　私家小院运用不透的围墙

4. 地位的象征

社会发展进入封建社会以后，无论是达官显贵，还是黔首小民，圈地建屋之后，作为私密的隔离空间，加修围墙竞相攀比，式样翻新。人们用围墙圈出一座深宅大院，作为地位的象征，这也是一种文化的遗存。这样的心理需求，推动了围墙样式的发展。例如，紫禁城的红墙、高宅大院的围墙（见图 5-8）、装饰环境很美观的南方镂空式围墙（见图 5-9）。

图 5-8　院围墙

第五章　管理类景观小品
Chapter 5

图 5-9　镂空式围墙

围合空间——空间为人们的各种社会活动提供了所需要的场所，负载着人们社会、文化、生活方面的重要职能。空间界定的围墙是集生理尺度、心理尺度和精神尺度相关的不同空间需求的，满足人们多样化和多元化发展的需求。紫禁城外围墙的高不可攀也寓意着地位与尊严，如图 5-10a 所示；山西王家大院的高大围墙（见图 5-10b）却也不逊色于紫禁城的森严；晋中私家宅院的砖雕装饰围墙（见图 5-11）不仅在高度上满足需求，而且表现了时期的文化特征。

a）

b）

图 5-10　高大院墙
a）丈高的紫禁城围墙　b）山西王家大院的高大围墙

125

中国人民几千年来受封建思想的影响，对于自我领地的保护意识格外强烈，这一点与开放式的西方造园思想有着天壤之别。因此，无论是皇家宫殿还是私家宅院，围墙都有着不可替代的重要作用。而且根据封建等级制度，主人地位越显赫，其宅邸围墙就越高，除了安保功能外，更能彰显院内主人身份的尊贵。

到了现代，围墙作为封闭式管理不可或缺的手段，一直是景观设计中的重要节点。现代围墙设计（见图5-12、图5-13）在结合地块出入口管理、场地内外高差等基础条件的前提下，对墙面做"可见不可入"的半透式设计，搭配合理的种植设计，可实现绿意盎然的效果；也可以根据园区整体设计风格，将墙面处理成全封闭的实墙，此时墙面的体量及细节处理显得尤为重要。

图 5-11　晋中私家宅院的砖雕装饰围墙

图 5-12　全封闭式小区围墙

图 5-13　半透式小区围墙

（三）按材料分类

1. 砖墙砌筑

砖砌围墙采用 360 砌筑法和 240 砌筑法（见图 5-14、图 5-15），随着围墙高度的增加，厚度也随之增加、超过 2.5m 高度的围墙应采用 360 砌筑法，每 3m 长须设置构造柱（见图 5-16），墙顶以混凝土梁压顶，梁柱可采用 C25 混凝土柱。围墙采用标准砖，采用 M5 混合砂浆粉刷。基层过深或不稳定时可以采用地梁（见图 5-17）。

图 5-14　360 砌筑法　　　　　　　　图 5-15　240 砌筑法

图 5-16　间隔 3~4m 的构造柱　　　　　图 5-17　砌筑过程

2. 金属材料围栏、栏杆

金属围栏样式千变万化，一般分为欧式铁艺围栏和中式铁艺围栏（见图 5-18）。

1）以型钢为材料，断面有几种，表面光洁，性韧易弯不易折断；缺点是易锈蚀，每 2~3 年要油漆一次。

2）以铸铁为材料，可做各种花型（见图 5-19、图 5-20），优点是不易锈蚀又造价不高，缺点是性脆且光滑度不够。

3）以锻铁、铸铝为材料。质优但造价高，可在局部的花饰中使用。

现在往往把几种材料结合起来，取长补短，创造出新颖的围栏形式。混凝土往往用作墙柱、垒脚墙。取型钢为透空部分框架，用铸铁为花饰构件。局部、细微处用锻铁、铸铝。

4）以不锈钢为材料。不锈钢材料围栏，造价较高，但优点是不易锈蚀，常用于公共场所和人行道护栏。

图 5-18 铁艺围栏

图 5-19 新颖的铁艺围栏

图 5-20 支持结构作为装饰的围栏

3. 木质材料围墙

木质材料围墙（见图 5-21）通常要用防腐木材料。防腐木是采用防腐剂渗透并固化木材，使木材具有防止腐菌腐朽功能、防生物侵害功能。每日风吹日晒，木质围墙很容易腐烂变形，还可以涂上防水漆等。此外，根据风格和色彩的搭配可以设计不同样式的木质围墙（见图 5-22）和喷涂不同颜色的防水漆。

图 5-21 木质围墙与种植搭配

图 5-22 根据风格和色彩的搭配设计的不同样式的木质围墙

4. 竹制材料围栏

竹篱是最生态的围栏，因其编织的工艺考究现在设计中使用较少。我国南方是竹材料的主要产地，设想过种一排竹子而加以编织，成为"活"的围栏（篱），这是最符合生态学要求的墙垣了。竹篱笆的围栏（见图5-23）有回归自然的感觉，但防护功能要求较高的环境不太适合使用。

图 5-23 竹篱笆的围栏

5. 植物材料围墙

随着社会的进步，人民物质文化水平、人们对环境欣赏水平都在提高，破墙透绿的例子比比皆是。在具备条件的围墙、围栏设计中，植物材料围墙、围栏应该是首选，人们对围墙的要求正在起变化，设计园林围墙时要尽量做到以下几点。

能不设围墙的地方，尽量不设，让人接近自然，爱护绿植。例如世界一流大学哈佛、斯坦福等大学都不设围墙。我国也在逐步改变住宅小区的设计理念，回归开放街区理念。

充分利用自然的绿植材料，达到隔离空间的目的，利用地面高差、水体的两侧、绿篱树丛，使空间达到隔而不分的效果。

善于把空间的分隔与景色的渗透联系统一起来（见图5-24），有而似无，有而生情，才是高超的设计。设计自然的绿植材料围栏（见图5-25），要因地制宜，充分考虑气候因素，选择适应当地气候条件的绿植品种。

攀爬绿植墙是一种较经济、具有特色的设计方案，雅而不俗，在预算压缩的情况下，是一理想选择。

图 5-24　把空间的分隔与景色的渗透联系统一起来的围墙、围栏设计

图 5-25　绿植材料围栏

第二节　围墙方案设计深化流程

一、统一设计思路和方案

围墙是连接两个不同空间的刚性边界，围墙本身，经过设计师的创作，可以成为一道风景线。围墙外街市人员、车辆流动，围墙内是另一番景象，可能是企业厂区或校园、公园，对于人们的视野、心情都会有一定的影响。因此如果非刚性要求，则应尽量避免建筑实体高墙，这也是今后城市开放式街区发展的趋势。

根据项目的规划、预算、要求，地理环境、地貌气候，经济环保、以人为本、安全的理念，应明确使用功能，选择正确的形式，确定设计构思和方案。

二、因地制宜，以人为本

分析项目周边地貌情况，围墙的最佳位置应该是在绿地的中心，而不是绿地的边缘。如果边界要临街，围墙理论上往往沿红线而筑，因此围墙也有代表用地边界的概念。但是如果围墙内或外都是绿地，就要考虑绿化资源共享，发挥绿地最大视觉效应。把边界和街区的位置分开来，让围墙后退3~5m，让围墙两侧都有绿化存在，让围墙隐现于绿丛之中，让人接触到绿化而不是墙。

三、以确保准确的选材和设计

要确认实体围墙、围栏、栏杆设计中的作用，公建、机关校园、社区住宅、工厂区在使用时围栏、围墙、栏杆会起到不同的作用。本着与环境融合的原则，根据功能需求对立面和细节进行推敲、选材进行具有针对性的设计搭配才能使围墙发挥更好的作用。

1. 围墙立面设计

1）尺寸、高厚比。围墙作为空间环境设施，选择不同高度的围墙可以产生不同的视觉效果以及满足不同的功能需求。

0.3m高透气的围墙（见图5-26）优势是保持视觉上的连续性，并满足分割空间的功能；当围墙上升到1.2m时（见图5-27），平视高度可以有效遮挡围墙内的大部分环境，这种高度除了划分空间，还会给人以心理上的安全感；围墙高度达到1.8m以上时（见图5-28），空间的封闭感最强，可起到完全隔绝的效果。

2）围墙的形象设计。应与周边建筑风格或是使用风格协调，传统高大封闭式围墙在起到保护、分隔空间作用的同时，也间接阻挡了视线，筑成了人们心中的心墙。围墙作为一种刚性边界，将同一场地分割为不同的空间，使边界空间得不到延续，缺乏过渡性，特别是生硬的围墙阻碍了视线，也易造成压迫的空间，所以围墙立面设计很重要。在各方面条件容许的情况下，应尽量运用通透式围墙、围栏，形成具有疏密、虚实变化、富有节奏感和韵律感的围墙，使其不再单调并能更好地融入环境景观中。

立面细节推敲可将围墙进行藏与漏的处理，不再是单调的镂空而是创造出了富有变化和活力的镂空组合。在形成富有变化的镂空组合的同时，还带有节奏的变化，只要对围墙稍作细节处理，就能够产生意想不到的效果。这不仅有利于将生硬的围墙软化，而且消除了围墙本身的单一性，创造形式多样、富有变化的感觉。我国古建筑围墙有许多经典案例可以借鉴。

图 5-26　0.3m 高透气的围墙

图 5-27　围墙上升到 1.2m 时

图 5-28　围墙高度达到 1.8m 以上时

墙体选材是重视材质的搭配以及功能和装饰美细节的巧妙结合，产生不同的视觉效果和设计风格的重要手段。例如，木制围墙、竹制围墙要使用有耐久性和经过防腐处理的材质；铁艺围栏自身的防锈处理材质应与外观需求的平衡等。

2. 构造及基础

根据项目周边的地质情况选择合理的砌体材料品种。墙体强度等级必须符合设计要求、墙体连接、地基形式，防止沉降，围墙的稳固安全性必须放在设计要求的首位。影响稳固性的要素有：围墙基础的深度、厚度应与高度成正比，围墙部分的挡土功能需求、基础的深度必须适应当地的冻土深度。设计师必须考虑土质、山坡、常年风向、水环境、气候环境等因素，以保证围墙的安全性。

四、围墙的施工图表达

1. 平面图绘制

平面图包括"围墙总平面布局图""标准段平面图""特殊段平面图"。围墙往往围绕区域范围边界设置，遇到的实际情况较为复杂。围墙的总体布局图就是排查困难的必经之路，然而年轻的设计师往往懒得将全区域的围墙柱点排布清晰，从而不能全局提取出相应的关键段、特殊段，反而使围墙的编绘工作无从下手或是疏漏某种情况。在总平面图（见图 5-29）中标注围墙的内外标高，以便确定围墙底部的处理方式，同时提取出标准段的长度。围墙总平面布局图 1:500 或 1:300 层面应表达具体定位坐标及尺寸、墙体的转折、地面高程竖向、升降级位置及墙顶完成标高。

标准段中顶视图与平面图应分别表达不同高度的内容，顶视图清晰地标出围墙的整体尺寸定位与区分材料；平面图是指在 1.2m 位置向下剖看到的视图，基本能看见一些墙体中的内部构造，须表达出能看见的构造做法。

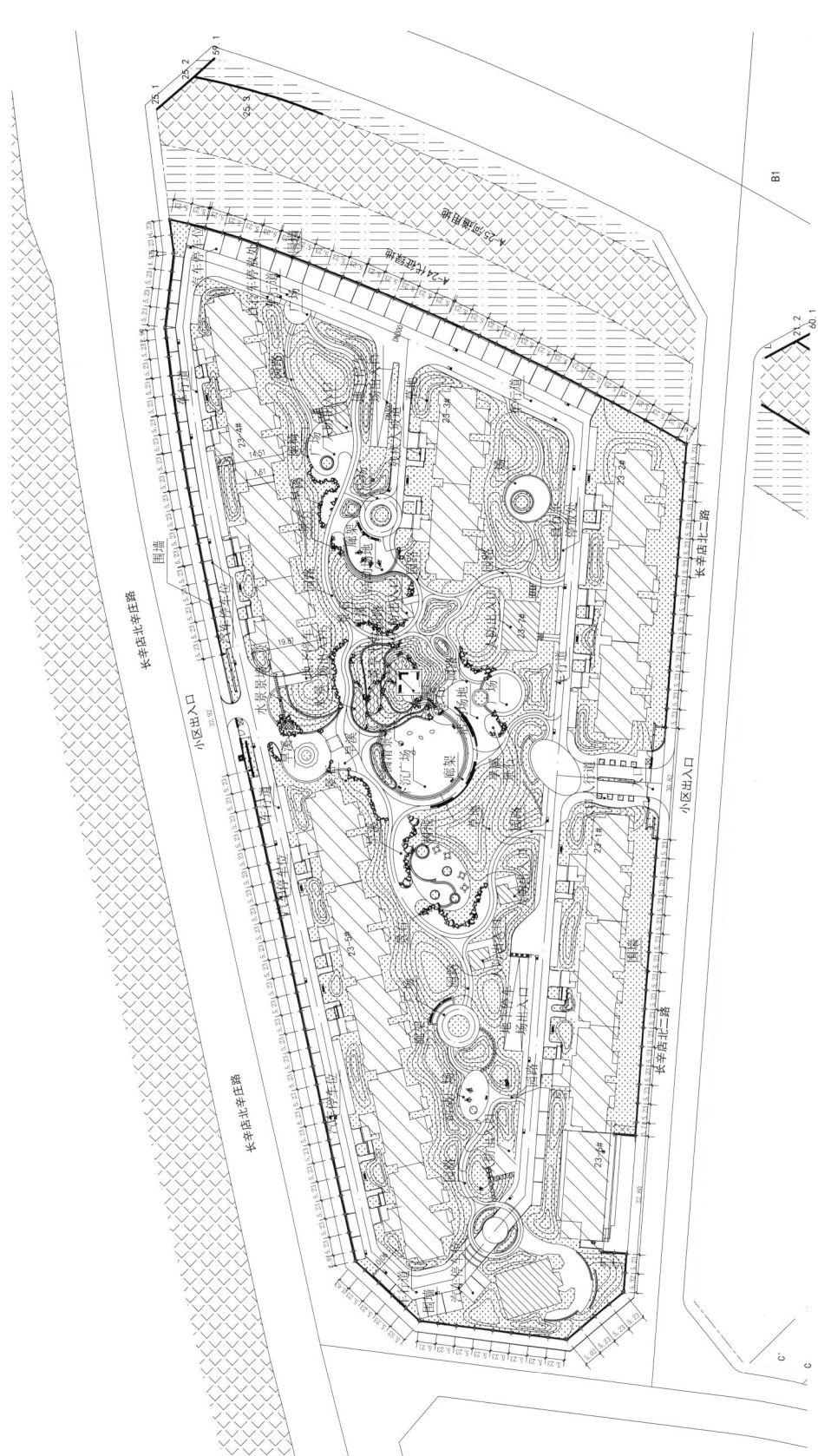

图 5-29 围墙布置总平面

2. 立面绘制

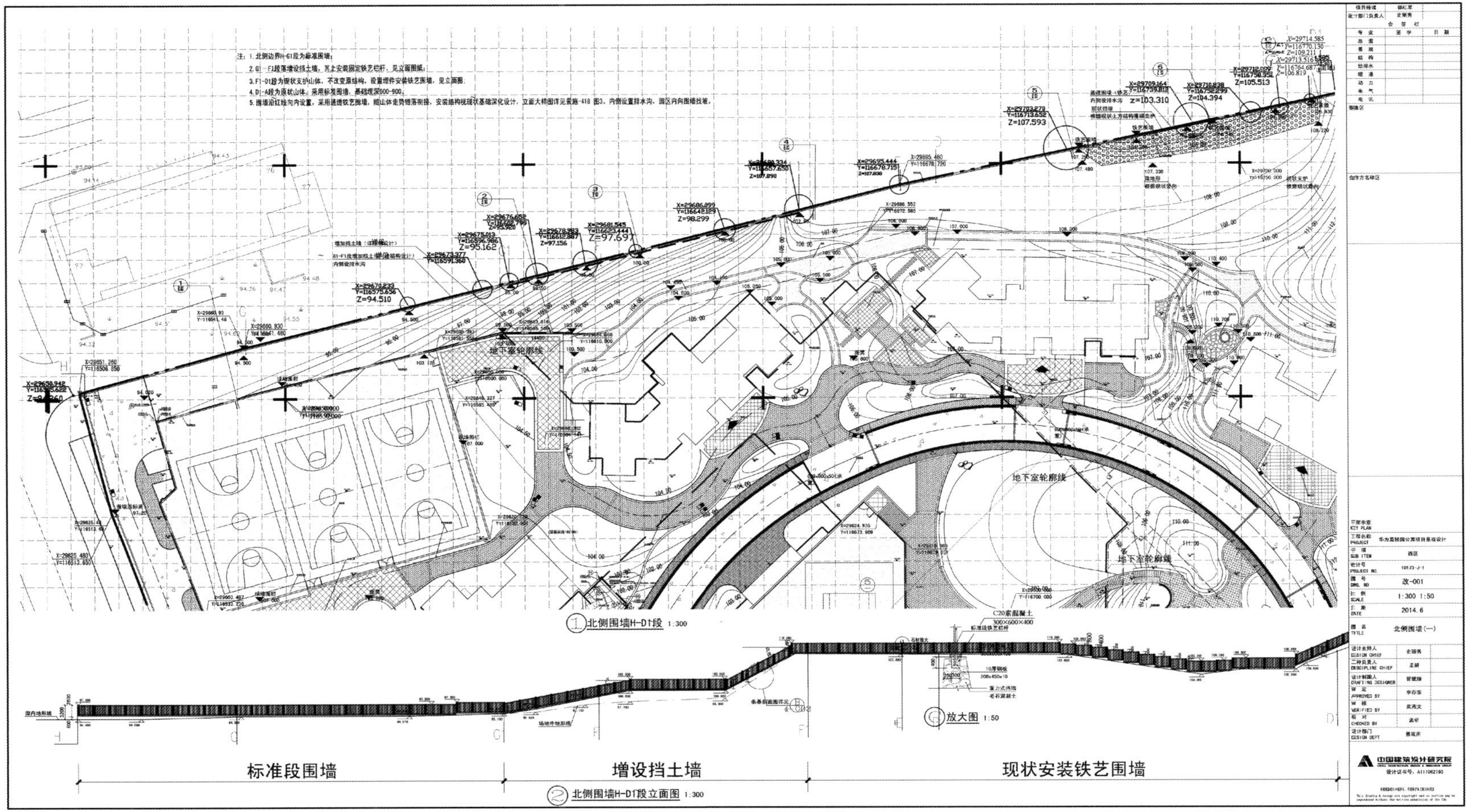

图 5-30 整体围墙（围栏）平面、立面图

关键段、特殊段的表达不局限于平面，需要配合对应的立面布局确定。总平面体现出的围墙前后及沿途竖向复杂的项目就应不仅画出各类型段立面关系，更应全面表达复杂竖向沿线的整体围墙（围栏）平面、立面图（见图5-30），有助于求证围墙（围栏）的基础错层关系，并在可重复区域看到一个完整标准重复段，应准确地标出立面高度和石材分割尺寸及材料标注。

标准段的基本图样包括顶视图、平面图、立面图，如图5-31所示。依次表达材料、单元尺寸、柱平面，可以表达墙体剖面做法以及剖切索引的位置。

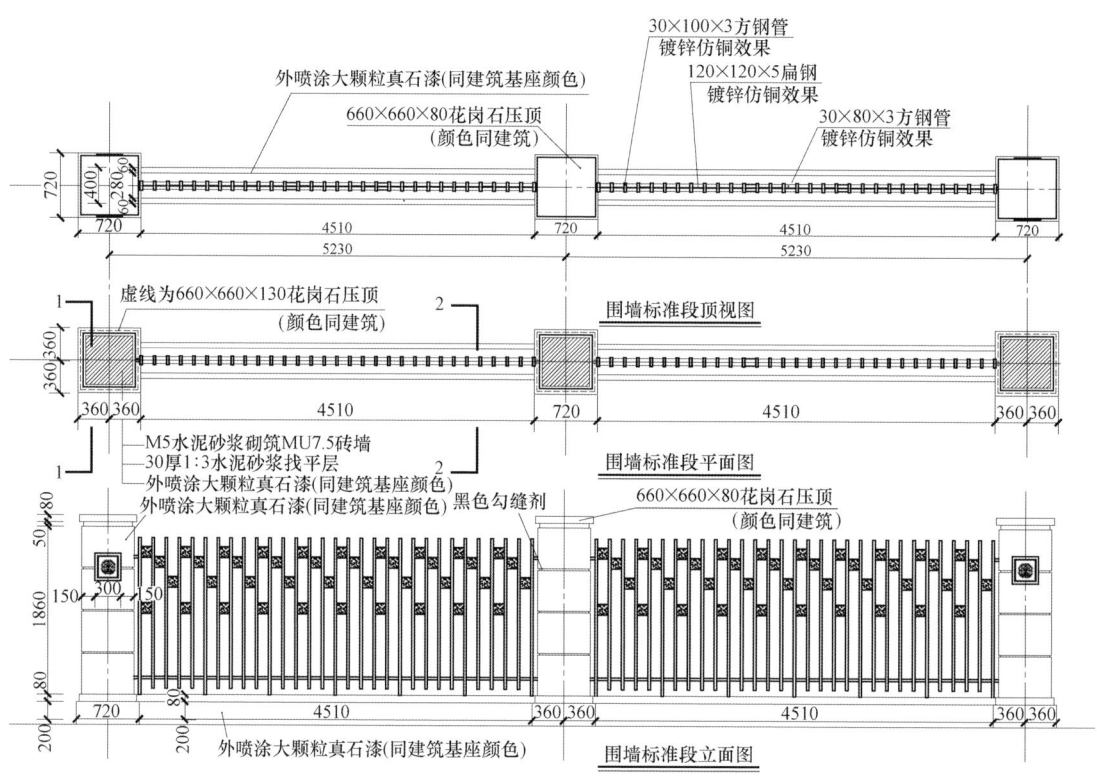

图 5-31 提取的标准段顶视图、平面图、立面图

3. 剖面图

剖面图最基本的表达内容在于主要反映不同位置的构造做法以及地下基础做法，至少在柱子（见图5-32a）和一般围栏段（见图5-32b）做出标注剖面，还包括构造柱的剖面做法，细部连接处理方式与各个变化处的尺寸。内部构造做法用料应交代清晰，基础深度和做法更要明示。

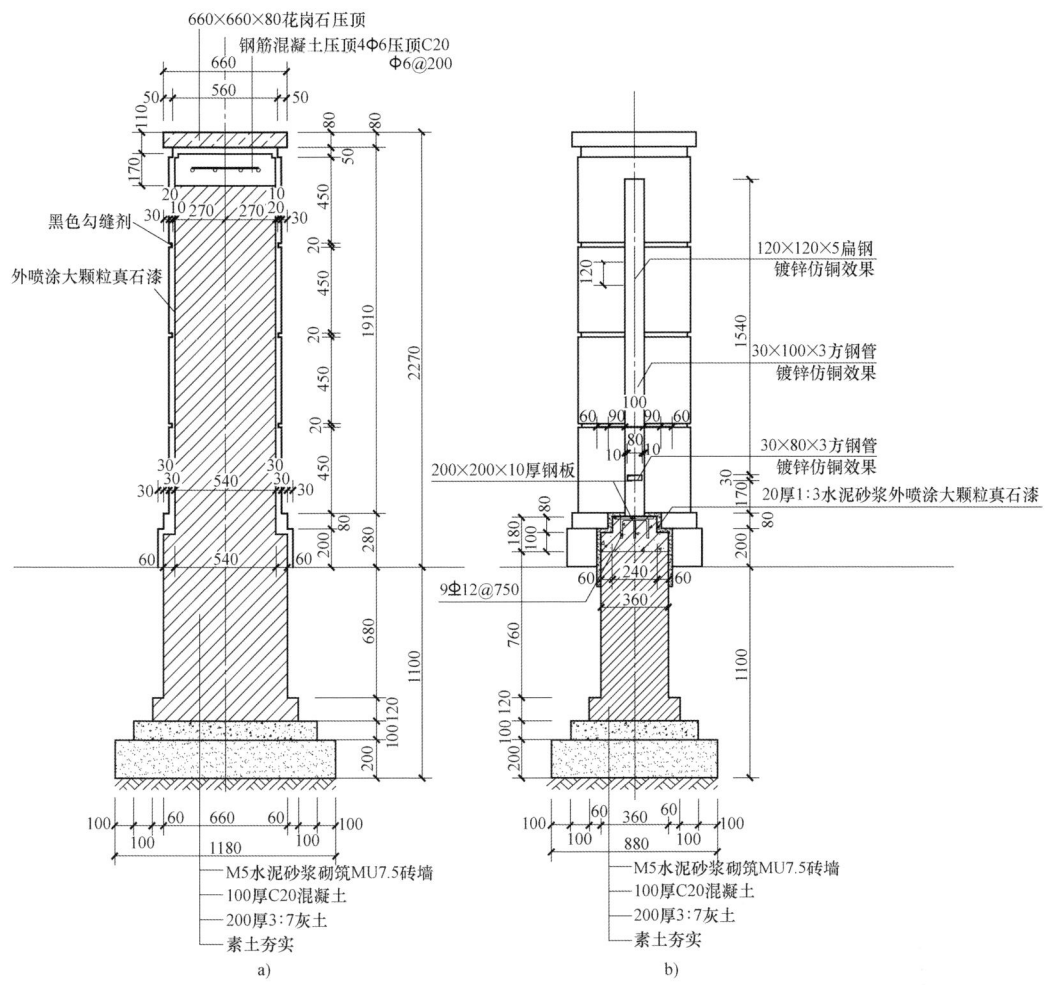

图 5-32 标准剖面图
a）1—1 b）2—2

第三节 围墙案例构造与施工图解

一、深圳华为宿舍办公区围墙案例图解围墙设计与施工图设计

（一）景观设计构思

本案例用地整体处于环山之间（见图 5-33），规划将自然山体的景观资源（见图 5-34）加以利用。景观沿山体走势自然地引入景观范围之内，形成"山""居"相映的景观效果。项目目标拟将打造深圳华为宿舍办公区成为现代生态企业员工公寓典范，创造和谐宜居的"新山境"。

"新山境"最大程度地利用地块所处的山区、四面环山的自然优势，深度挖掘"山文化"的内涵与外延，山体建筑地处的高差变化较大，地界围墙随山就势地连接场地与自然景观。围墙采用部分实体部分铁艺镂空处理，打造与周边环境和谐共生的"新山境"。

图 5-33 用地整体处于环山之间

图 5-34 自然山体的景观资源

（二）景观设计深度

项目调研对围墙的形态与细节深度设计。对场地的周边竖向进行测量以及优化后本案例选用局部实体围墙、局部镂空铁艺围墙栏杆。铁艺围栏区的跌落设计合理地消化纵向高差问题。铁艺围栏造型整体为现代简约竖线条设计（见图 5-35），竖线条满足镂空部分的空隙间距不大于 15cm，立面经过反复推敲后形成合理的标准段高度及宽度。

图 5-35 现代简约竖线条设计围栏

在施工技术方面，将周边环境稳定后的园区内外竖向相结合布置出每段围墙单元长度（见图 5-36、图 5-37）以及对应段的典型剖面分析求证（见图 5-38）。结合剖面挡土需求，设计出最合适的围墙高度，返回修正立面图，丰满施工图的立面尺寸及材料设计。

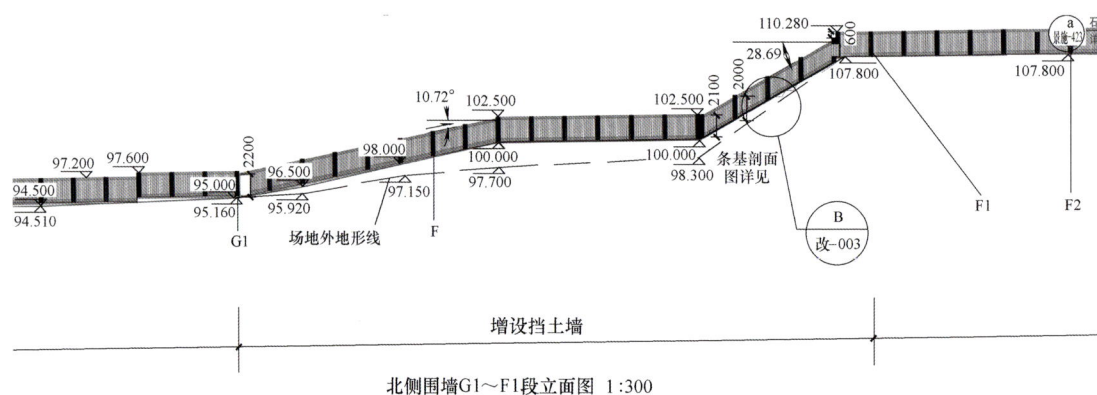

北侧围墙G1~F1段立面图 1:300

图 5-36 G1~F1 段周边与园区内竖向相结合的围墙立面图

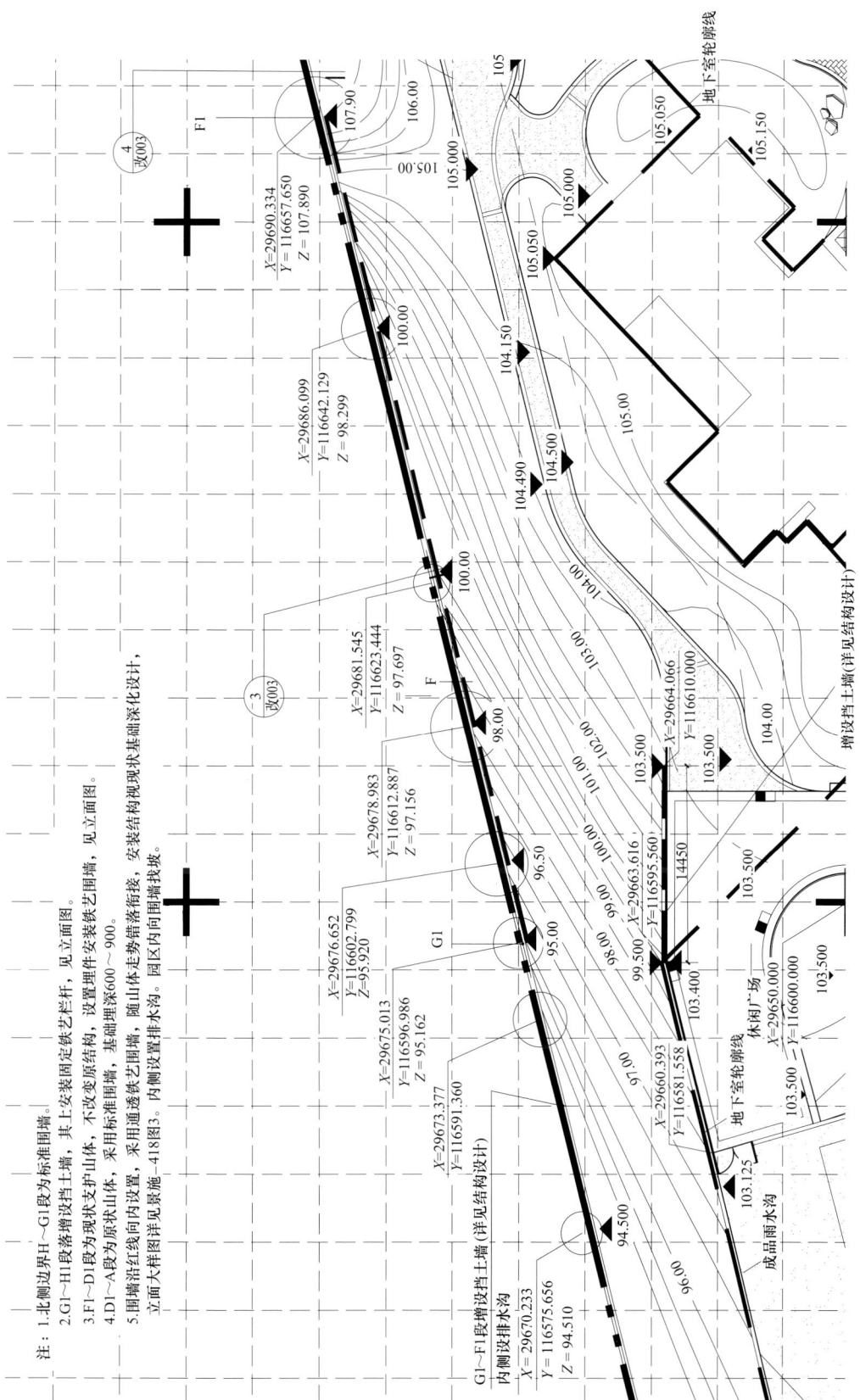

图 5-37 G1~F1 段周边与园区内竖向相结合的围墙平面布局图

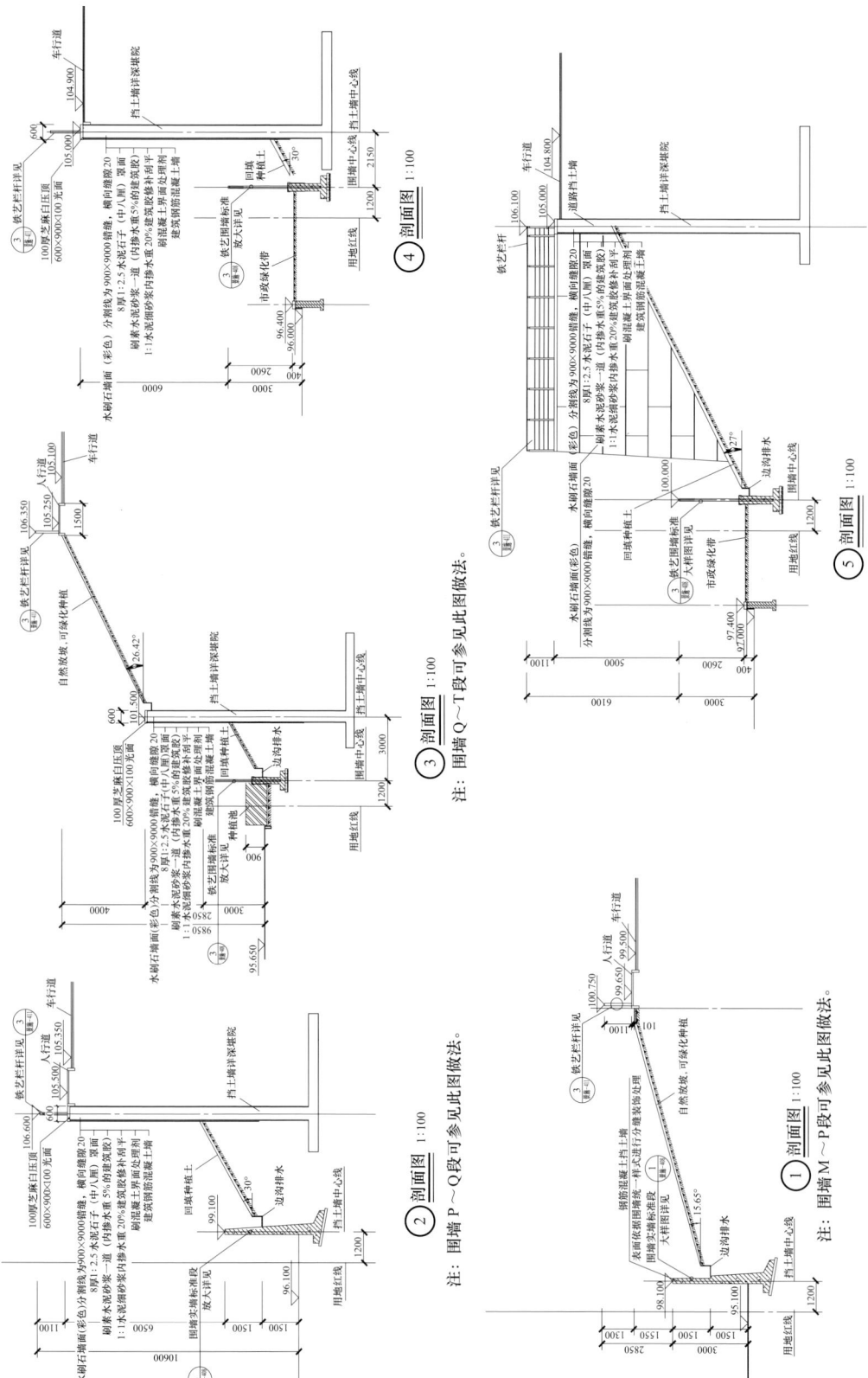

图 5-38 典型剖面分析与求证

（三）围栏的细节设计

整个立面由于在尺寸在较大的立面图里无法表达清晰，在放大立面图里应把铁艺围栏的每个细节尺寸交代清晰，包括材料及构件尺寸及工艺要求。施工图的重点就是指导施工，重要节点、剖面基础的深度、宽度做法、结构配筋图在施工图里要一目了然（见图5-39）。

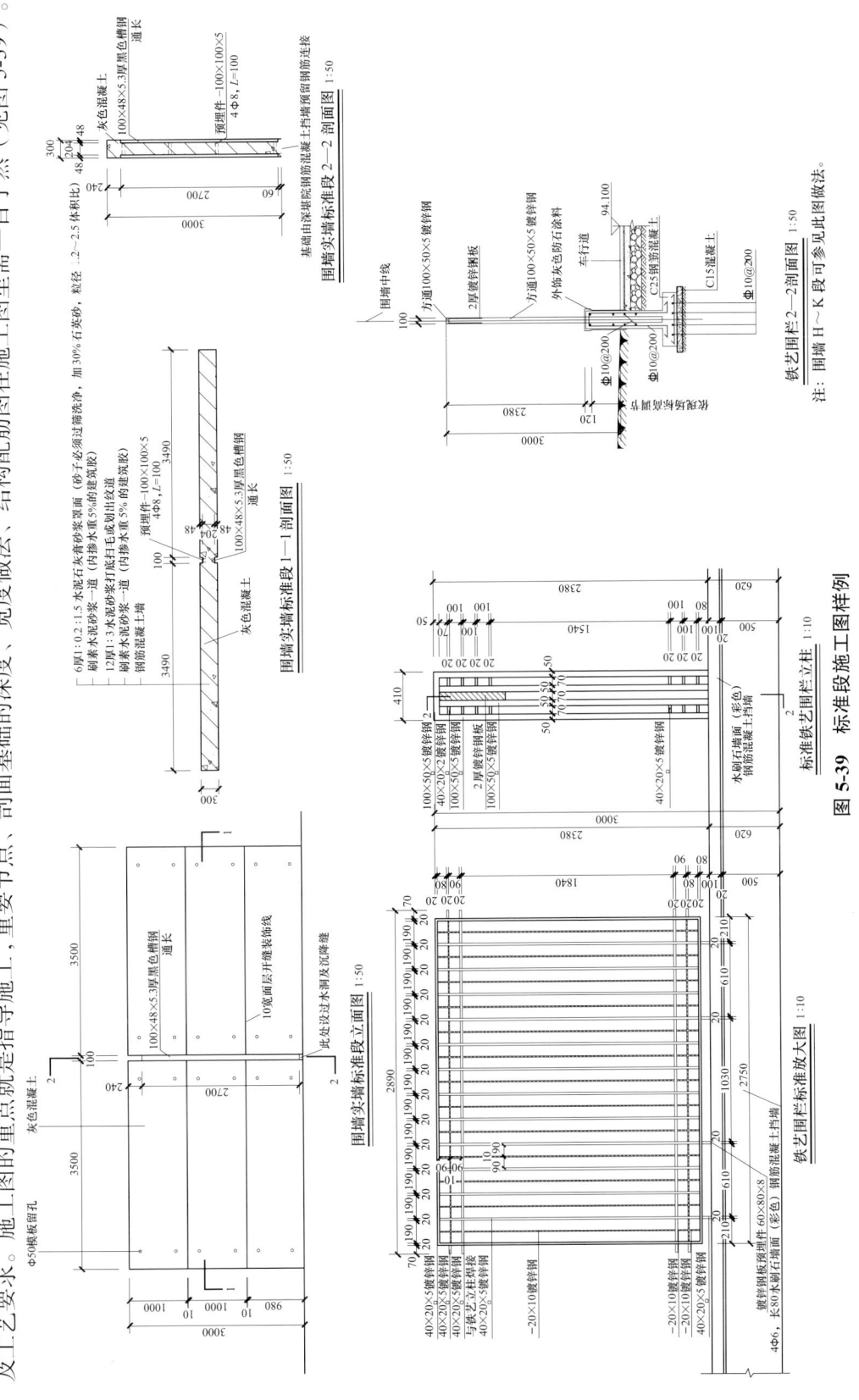

图 5-39 标准段铁艺围栏施工图样例

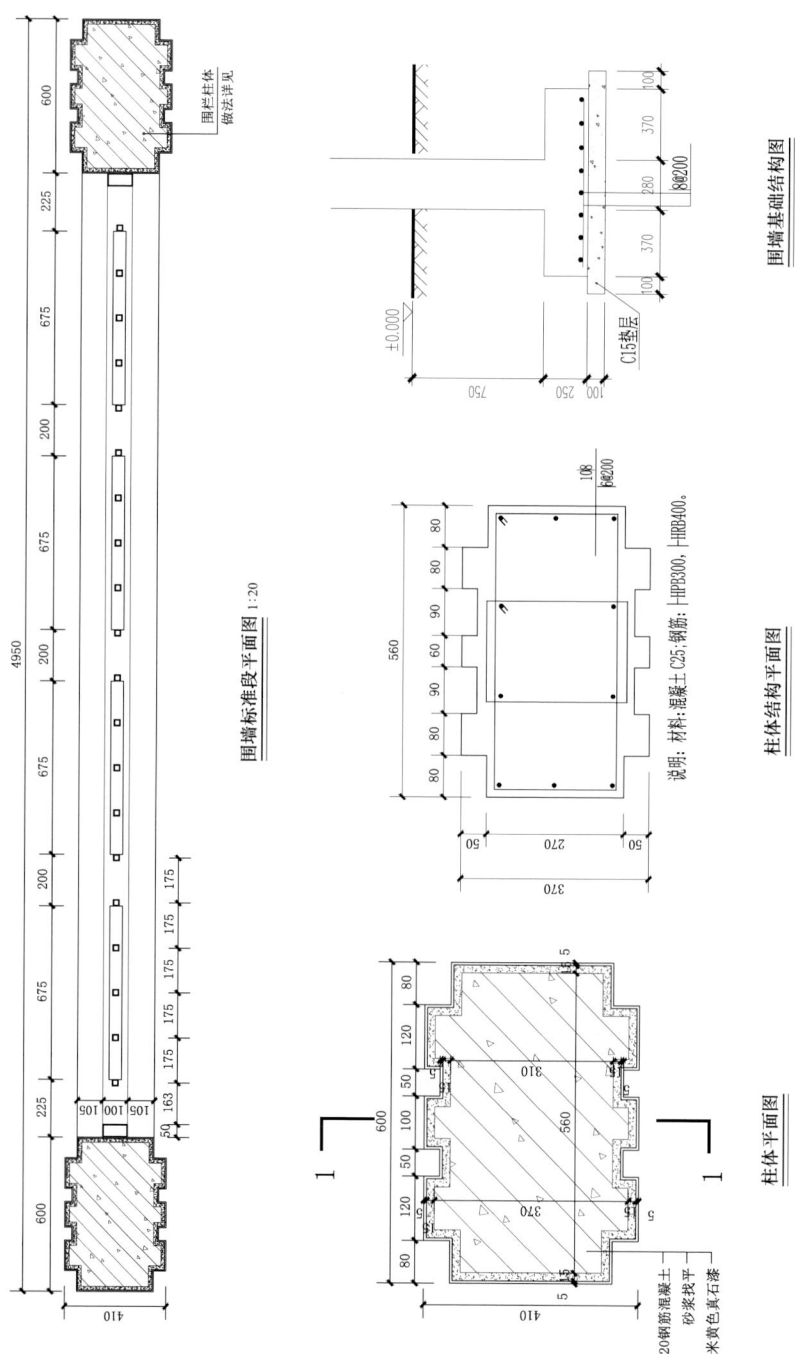

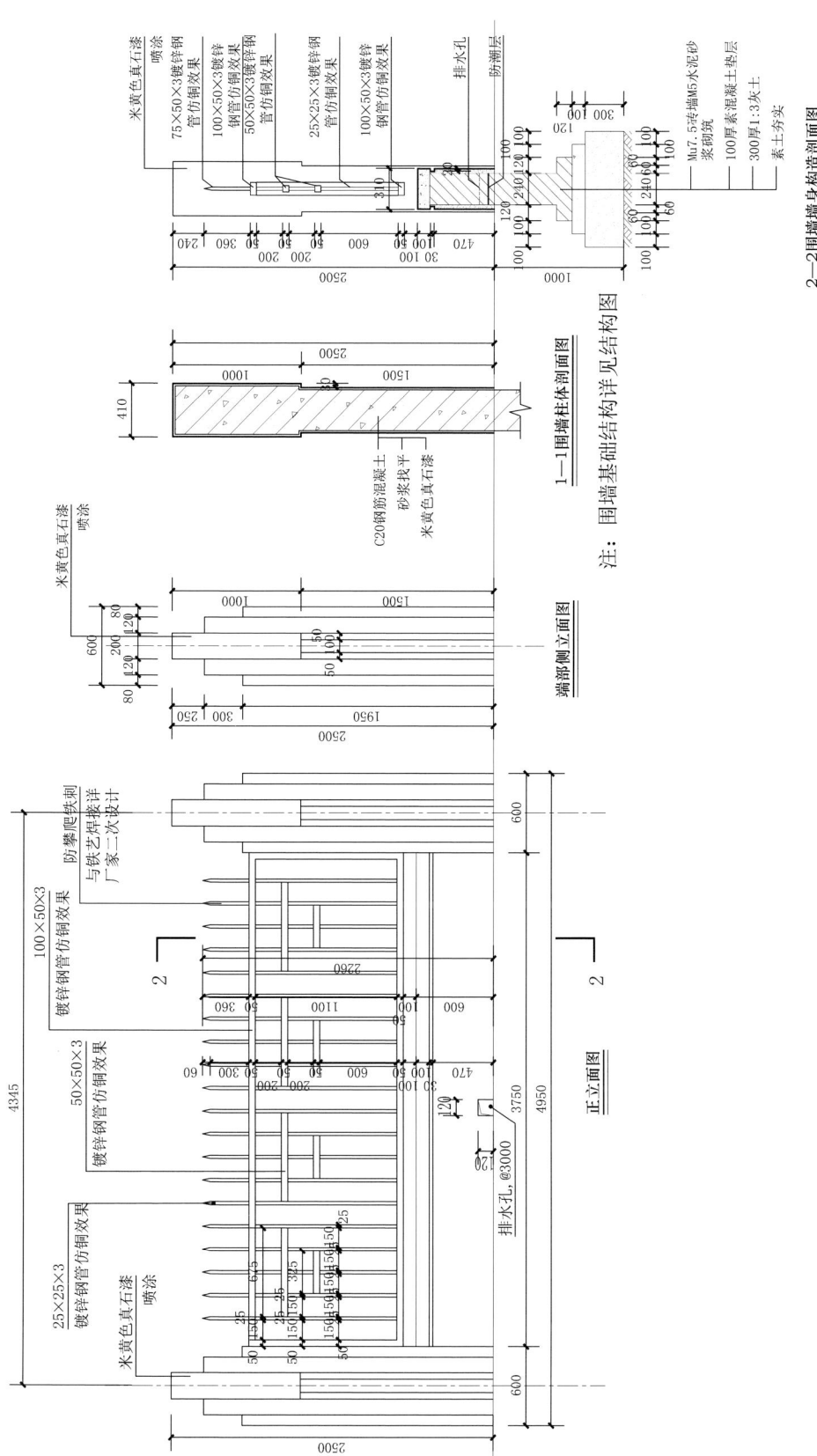

图 5-40 完整的标准段围墙施工图

二、某案例围墙施工图设计及施工流程

1. 施工图表达

案例围墙为混凝土独立柱结构,柱间立面设计分为上下两部分,上部分的铁艺栏杆及下部分有挡土墙功能的基台。柱体及基台外饰材料为米黄色真石漆,铁艺为镀锌管仿铜材料。完整的标准段围墙施工图(见图5-40)包括:围墙标准段平面图、正立面图、端部侧立面图、柱体结构平面图、柱体构造及结构剖面图、墙身构造及结构图。

2. 施工图之后的现场流程

1)完成围墙基础所在标高场地平整,若有需要在建成后进行一侧的景观地面高度回填。

2)混凝土柱体及墙身构造砌筑(见图5-41)。照片中的混凝土柱子及基台所示部位为出地面部分的外形修饰,此类柱身的构造设计所需造型部分可以为砖砌造型,这样做的好处对外饰面基层,特别是外涂为柔性材料时基层材料一致,可避免不同基层出现的不均沉降带来的外立面破裂。

图 5-41 混凝土柱体及墙身构造砌筑

混凝土柱身地上与地下部分分为两次浇筑。同时另一处由于柱身的线脚要求封样及试验,因此墙身纹样的支模放样工作正在进行(见图5-42)。放样核准之后墙身露出地面部分整体浇筑。

  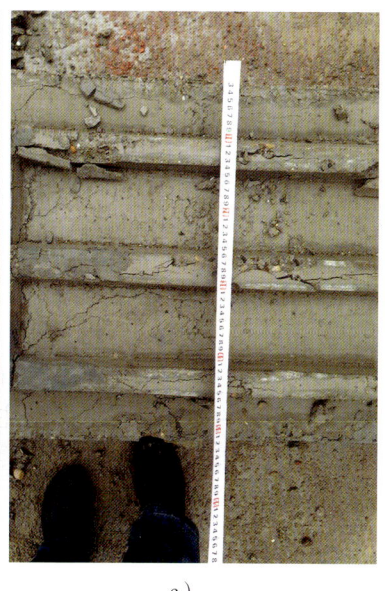

　　　　a）　　　　　　　　　　　　　　b）　　　　　　　　　　　　　　c）

图 5-42　混凝土柱体样块

a）混凝土样胚浇筑木模板　b）浇筑后拆模的柱身纹理样块　c）设计人员的现场核验及修正混凝土样胚

　　某标准段基台实体部分砖砌围墙实体超过4m时，过长的墙体需加构造柱以保证墙身的稳固。在照片（见5-43）中砖墙基台部分的空缺就是预留混凝土构造柱浇筑部分。

　　混凝土线脚样胚核准封样之后进行现场的大面施工（见图5-44）。在外立面的同一材料基层不同时应将转折处置于阴角部位。随着端柱的结构线脚的完成（见图5-45），外立面材料的试涂开始了（见图5-46）。

图 5-43　砖砌围墙的构造柱　　　　　　　图 5-44　混凝土柱子的完成

图 5-45　端部围墙柱局部线脚　　　　图 5-46　围墙铁艺链接与外饰面试样

3. 关键技术节点

涂料墙体的施工要点首先在于原材料的质量控制，包括结构后的封闭底漆、真石漆的中层以及罩面漆。封闭底漆应该在水和溶剂挥发后实施，保证其中的乳液或树脂渗入基材间隙和毛孔内，提高基材表面的防水性能。有些工程在完成后的表层出现泛碱和发花的现象就是由于基材的水分迁移导致减弱了真石漆主层和基材的黏结力。真石漆的中层由集料、黏结剂、放开裂树脂构成。集料的颗粒搭配直接影响到真石漆的硬度、黏结度从而影响到耐水能力和耐候能力。罩面漆是无色的透明漆，增强真石漆的防水防污性。

在施工流程中首先对基层的检查很重要，清楚表面浮粒，铲除残渣及疏松物，晾干处理无潮湿，目的在于得到清洁的基材表面。

防水腻子的批刮找平保证与抗裂砂浆兼容，否则表面膨胀不同会出现裂缝。

第六章 假山、叠石设计

第一节 叠山的渊源

自秦始皇一统六国开始的史无前例的大规模建筑宫苑的建设之时,也是开了在皇家园林里挖池筑岛,模拟海上仙山境界的先河,而且也是首次在史载中将筑山、理水并举的记录。汉代的强大使得造园活动更加兴盛起来。汉景帝兄弟梁王在今河南商丘东筑兔园,在《西京杂记》中记载了这样的山石描述:"梁园中有百灵山,山有肤寸石、落猿岩、栖龙岫。……""肤寸"为古代的长度计量单位,一指宽一寸,肤寸石便是很小的石头。山石砌筑之初为石块结合夯土堆筑而成的土石山,这一技法应该是有史记载以来的首例石筑山了。

魏晋南北朝的山水文学、山水诗画日盛,对于自然风景的审美达到了一个新的认知高度,便也成就了中国古典园林中的筑山理水技法的发扬光大。这时的私园中筑山的形式较为多样自如了,除了土石山还出现了叠石为山的技法。不仅如此,欣赏群山的同时出现了美石特置的造园方法。

隋唐园林在魏晋南北朝的基础上将山水诗、画及山水园林有机的融合相互渗透,从而引发了中国古典园林中的"文人园林"的兴起,具有相当深远的意义。在宰相李德裕的私家园林中曾有亲自的文字记录,在《平泉山居草木记》中写道:"日观、震泽、巫岭、罗浮、桂水、严湍、庐阜、漏泽之石。"以及"台岭、八公之怪石、巫峡之严湍,琅琊台之水石,布于清渠之侧;仙人迹、鹿迹之石,利于佛榻之前。"鉴赏园石且描绘的活灵活现,可谓情景丝丝入扣。

唐代的造园美学价值在文人骚客、艺术家、鉴赏家辈出的时期得到了充分的肯定,造园中运用的"置石"也颇为普遍了。我们现代人常说的"假山"一词自那时起得到了认定,成为园林筑山的特别称谓。有杜甫诗句为佐证,在《假山·序》中写道:"一匮盈尺……旁植慈竹,盖兹数峰,嶔岑婵娟,宛有尘外致。"最早在美学意义上谈及定义评论"假山"的是白居易,在《太湖石记》中对园林假山的上等石品"太湖石"予以了美学赞誉,这是中国赏石文化史上第一篇全面阐述太湖石收藏、鉴赏的方法和理论的散文,是中国赏石文化史中一篇重要文献。"古之达人,皆有所嗜。玄晏先生嗜书,嵇中散嗜琴,靖节先生嗜酒,今丞相奇章公嗜石。石无文无声,无臭无味,与三物不同,而公嗜之,何也?众皆怪之,我独知之。昔故友李生约有云：'苟适吾志，其用则多。'诚哉是言，适意而已。公之所嗜，可知之矣。……"文章中将文人的嗜石、嗜琴、嗜酒相提并论，明确提出园林文人三大嗜好的艺术价值。"……撮要而言，则三山五岳、百洞千壑，觑缕簇缩，尽在其中。百仞一拳，千里一瞬，坐而得之。此其所以为公适意之用也。"可见赏石的最好境界是将石的形态与联想结合起来，"昏旦之交，名状不可"。通过大文豪白居易的点化，不仅是太湖石，园林假山石也有了举足轻重的地位。

宋代的园林发展不愧为园林史中的鼎盛时期，最高巅峰为艮岳之作，虽已不复，但通过文献记载艮岳的出现是将"先立宾主之位，决定远近之形""众山拱状，主山始尊"的构图规律演绎得淋漓尽致。确实体现出了此时古典园林艺术不遗余力的追求所达到的前所未有的高峰。

元、明、清时期的园林艺术成熟期作品现在也可以看到部分作品的遗存。百花争艳的局面，尤以江南园林为代表，表现为对真山水的写意表达发展成为了更为抽象、概括的表达。在叠山的技艺上尤为得到促进与发展，包括追求宏伟的盘桓曲折的峰谷洞穴群组，桀骜不驯的单峰独赏，还有凸显自然界偶然性和不规则性的异石突起。

明末清初，名园辈出，名家迭起，叠山技艺通过经验的积累，特别是文人出身的造园家的总结流行于世，叠山流派纷呈。明朝的陆叠山、计成以后到清初的张南垣、张然父子，以及仇好石、叶洮、戈裕良、张南阳等，其中以计成、张南垣、戈裕良尤为著称，同是杰出的造园家。耳熟能详的环秀山庄（见图6-1）及常熟燕谷（见图6-2）均为戈裕良的手笔，且现存于世。戈裕良叠黄石假山一座，取名"燕谷"，园因名"燕园"。

图6-1　环秀山庄

第六章 假山、叠石设计
Chapter 6

图 6-2　常熟燕谷

　　清初李渔造半亩园，叶洮造畅春园的叠山、张楠在瀛台的叠山现尚能看到全貌。随着三位南人北上，尤为在京城皇家园林中得以叠山之登峰技艺。

　　最值得一提的是明末的计成《园冶》，其中将叠山理论和实践技法进行了论述。《园冶·掇山·池山》中提及山水是中国古典园林中最重要的一组命题，"石令人古，水令人远，园林水石，最不可无"，水石相融，自然动静相生，为人最爱。计成言"池上理山，园中第一胜也"。《园冶·掇山·涧》中提及山因水而活，溪涧瀑布也有无限妙用，"假山依水为妙，倘高阜处不能注水，理涧壑无水，似少深意"。透彻而因果的将掇山叠石理水有机的联系在了一起。《长物志》中水石一卷，详述了园林中广池、小池、瀑布的设计，以及灵璧石、英石、太湖石、昆山石的选用技巧，更加例证了水与石相结合的论点。"一拳则太华千寻，一勺则江湖万里"的经典论述甚是被广泛流传。叠山是微缩天地、小中见大、以少胜多的艺术，表意为主，重在启示和象征，以达到"咫尺有万里之势"的目的。

　　天人合一的思想是中国古典哲学体系的重要内容。园林人所尽之职在于创造"第二自然"，除了保持原有自然的平衡，重要的是山石之雄浑、之险峻、之精巧，不单是早期模拟的真山真水，进而是后期体现人文写意的精神升华。人工造就的筑台拟山、堆筑土山、土石山，一步步走向天然山岳构成规律的提炼概括。缩移摹写，抽象截取山之一角却表现出咫尺山林的大局面，幻化千壑的奇妙。之所谓"本于自然，高于自然。"。

第二节　叠山之基础概念

一、叠山的三安、三峰、三远

　　安，是指放置石头，三安就是指安放石头为三块、三组，且要有主、宾、次之分。
　　峰，是指山尖顶，三峰就是主、次、配峰。
　　远，是指距离，三远就是山之平远、高远、深远，又是中国山水画的三点透视法。

道家老子有言："道生一、一生二、二生三、三生万物。"可见三是虚实相生符合自然的；三又是稳定的，三足鼎立，比喻三方并立，稳定带来的是赫然之威，凛然之义。三安、三峰、三远将虚实混沌包罗其中，由山之虚实的立体空间构成。

（一）三安

三安，放置的节奏感，是指一安独置、二安并置相应、三安成峰。

一安，一块石头独成一景，必须选用姿态优美，韵味十足的石头，置于园林中最显眼的位置。如乐寿堂园中的"败家石"青芝岫是中国园林最大的置石。"败家石"本为明朝官僚米万钟在北京房山发现的一块色青而润、状若灵芝的巨石，在运往米氏勺园的途中，由于财力不支，不得不弃于郊野，后来被乾隆爷耗巨资移置于乐寿堂，取名为"青芝岫"（见图6-3）。

图6-3 青芝岫

二安，有主从之分，宾客之宜。二石相互呼应成景。在比较时二石的差异或是大小或是细拙总有不同之处为好。例如颐和园中的"寿星石"（见图6-4），重建颐和园是光绪帝从墨尔根园移来的，色清而润造型奇异，二石并置，大小悬殊，一高大浑厚，一矮小顽拙，似在脚下叩首拜寿，因而得名"寿星石"。

三安，三块石头或是更多石头安置成组的意思。组中与组间的置石均要有符合主、次、宾之分的层次布置。无论是平面或是立面，前后左右在主观赏面上的布局要求层次分明，群群彼此呼应，高低错落远近相照。三安置石的节奏鲜明，空间变换，使人"超意向外，得以怀中"令人回味。例如华盛顿互惠中心的屋顶花园上的置石（见图6-5），现代置石的代表作，可以从吊装过程到安置完成看出置石尤其重要的环节过程还在于现场的安置视觉效果。三块石头虽为形似但各有神情的不同，再配以三一组的油松，有聚有离，可谓三安叠石，实为六合之表，荣落在四时之外，堪称现代叠石景观的佳品。

图6-4 颐和园寿星石

图 6-5 华盛顿互惠中心的屋顶花园上的置石

（二）三峰

一座山必然有主峰、次缝、配峰组合而成。主峰居中左，是由于古时以左为尊；次峰居右，比主峰略低或略前远；配峰居主峰左前，比次峰略低。例如贡嘎雪山主峰的层次（见图6-6）就可以看出大自然印证这个美的规律。又例如网师园的一隅叠石（见图6-7），三峰之间的相互照应反而烘托了主峰的高亢与挺拔。据阴阳，相呼应，偃仰顾盼，动态的平衡中，四隅相顾，环拱中心。

图 6-6 贡嘎雪山主峰的层次　　　　图 6-7 网师园的一隅叠石

（三）三远

三远，出自宋代郭熙笔下的《林泉高致》中的高远、平远、深远的中国山水画理论。平远（见图6-8）既是一览无余，无须抬高视角或是降低视角，直望远山。山形走势以长、平、缓、蜿蜒为特点。

高远与平远相比，差异在于观察事物需要仰视，才能窥见其全貌。层层叠叠，前低后高，三峰相照，成为众星捧月之势。

深远是要看到叠石后面的东西，仔细看才能将山前山后联系起来。因此深远的点就在高耸山形之间。合一崇山峻岭可以是山峦叠出。三峰之间可以相互隐藏，若隐若现的看到山峰后面的故事。

叠山、叠水、叠山与理水、堆叠的基本方法，包括了山脉、山洞、山径、山峰、山谷、山瀑、亭山、台山、阁山、楼山云梯、廊山、榭山、厅山、斋山、墙山、石舫山、源泉山、桥山、书房山、池山、内室山、园山、峭壁山、峦山、悬崖山、特置山、滩山、门山等叠山的技法，过于烦冗，这里就不再赘述，建议有兴趣的山石爱好者可以看看韩良顺先生著的《山石韩叠石山技艺》一书，会颇有收获。

图 6-8　平远村庄

二、假山石的种类

太湖石、灵璧石、昆石、英石号称古代四大奇石。目前尚为广泛应用的假山石石品列于表 6-1 中。

表 6-1　假山石的种类

序号	石名	描述	用法	著名诗句
1	太湖石	太湖石性坚而润，有嵌空、穿眼、宛转、险怪势。一种色白，一种色青而黑，一种微黑青。其质文理纵横，笼络起隐，于石面遍多土幻坎，盖因风浪中冲激而成，所谓"弹子窝"，扣之微有声 采人携锤錾入深水中，度奇巧取凿，贯以巨索，浮大舟，架而出之	以高大为贵，惟宜植立轩堂前，或点乔松奇卉下，装治假山，罗列园林广榭中，颇多伟观也。自古至今，采之已久，今尚鲜矣	白居易— 烟翠三秋色，波涛万古痕 削成青玉片，截断碧云根 风气通岩穴，苔文护洞门 三峰具体小，应是华山孙 —《太湖石》
		室外观		室内观

（续）

序号	石名	描述	用法	著名诗句
2	房山石	北京地区房山石有"北太湖石"的美誉。房山石表层有略小的蜂窝状的孔眼		北海静心斋的假山石用的便是房山石

最常用的房山石　　　　　　　　　原石房山石石山

房山石制作的小品

3	灵璧石	隶属于玉石类的变质岩，为隐晶岩石灰岩，由颗粒大小均匀的微粒方解石组成，因含金属矿物或有机质而色漆黑或带有花纹。灵璧观赏石分黑、白、红、灰四大类一百多个品种	其中以黑色最具有特色。观之，其色如墨；击之，其声如磬。其形或似仙山名岳，或似珍禽异兽，或似名媛诗仙	"米芾相石之法有四语焉"，即秀、瘦、雅、透

（续）

序号	石名	描述	用法	著名诗句
3		灵璧石观黑　　　　　　　灵璧石观白　　　　灵璧石观红　　　　　　　灵璧石观灰		
4	昆山石	昆山市马鞍山，石产土中，为赤土积渍。既出土，倍费挑剔洗涤。其质磊块，巉岩透空，无耸拔峰峦势，扣之无声	其色洁白，或植小木，或种溪荪于奇巧处，或置器中，宜点盆景，不成大用也。以白色为贵	诗人陆游在他的"七律"诗中有"雁山菖蒲昆山石，陈叟持来慰幽寂。寸根蹙密九节瘦，一拳突兀千金值"之句
		昆山石白色为贵		
5	英石	英石，又称英德石，产于广东省英德市，具有"皱、瘦、漏、透"等特点	有淡青、灰黑、浅绿、黝黑、白色等数种，以黑者为贵。传统文房供石之用	中国宋代《云林石谱》记载，被列为皇家贡品

(续)

序号	石名	描述	用法	著名诗句
5				

英石场料　　　　　　　　　　　　　英石假山

序号	石名	描述	用法	著名诗句
6	千层石	积层岩，石上纹理清晰，多呈凹凸、平直状，具有一定的韵律，线条流畅，时有波折、起伏石纹成横向，外形似久经风雨侵蚀的岩层。呈灰黑、灰白、灰、棕相间。造型有山形、台洞、宝塔形、立柱形及人物、动物等形象	千层石外形平整，石型扁阔，叠制的假山，纹理古朴、雄浑自然，易表现出陡峭、险峻、飞扬的意境。给观赏者以高山流水，归游自然的欣悦。园林景观、堆叠假山瀑布之佳材	

千层石灰棕色

千层石常用石色

千层石叠石瀑布

（续）

序号	石名	描述	用法	著名诗句
7	黄石	黄石是处皆产，其质坚，不入斧凿，其文古拙。沿大江直至采石之上皆产。又称黄蜡石，石表层内蜡状质感	岭南人的最好，自然石浑圆形无尖锥，最宜在水边垒砌，以作日久冲蚀之感，融于草木之中	《园冶·墙垣·乱石墙》："乱石墙是乱石皆可砌，惟黄石者佳。"

黄石石料　　　　　黄蜡石叠石驳岸

| 8 | 宜兴石 | 宜兴县张公洞、善卷寺一带山产石，便于竹林出水，有性坚、穿眼、险怪如太湖者。天然轮廓具有瘦、透、漏、皱、怪等特点，状类太湖石 | 叠造假山 | |

宜兴石

| 9 | 泰山石 | 泰山石外表多见结晶颗粒较粗，纹理清晰，画面突出，对比色调强烈，备阳刚豪放气概 | 泰山石在适当的视觉距离更显现出中国画大写意的神韵。最具闻名遐迩的"石敢当"用材 | |

（续）

序号	石名	描述	用法	著名诗句
9	泰山石			

　　另有一些石品，在现代的景观园林中运用较少。现仅列出其名目及部分《园冶》的说明。

　　龙潭石，《园冶》中说："龙潭金陵下七十余里，地名七星观，至山口、仓头一带，皆产石数种；有露土者，有半埋者。一种色青，质坚，透漏文理如太湖者。一种色微青，性坚，稍觉顽夯，可用起脚压泛。一种色纹古拙，无漏，宜单点。一种色青如核桃纹，多皴法者，掇能合皴如画为妙。"

　　青龙山石，《园冶》中说："金陵青龙山，大圈大孔者，全用匠作凿取，做成峰石，只一面势者。自来俗人以此为太湖主峰，凡花石反呼为'脚石'。掇如炉瓶式，更加以劈峰，俨如刀山剑树者，斯也。或点竹树下，不可高掇。"

　　岘山石，《园冶》中说："镇江府城南大岘山一带，皆产石。小者全质，大者镌取相连处，奇怪万状。色黄，清润而坚，扣之有声。有色灰青者。石多穿眼相通，可掇假山。"

　　宣石，《园冶》中说："宣石产于宁国县所属，其色洁白，多于赤土积渍，须用刷洗，才见其质。或梅雨天瓦沟下水，冲尽土色。惟斯石应旧，逾旧逾白，俨如雪山也。一种名'马牙宣'，可置几案。"

　　湖口石，《园冶》中说："江州湖口，石有数种，或产水中，或产水际。一种色青，浑然成峰、峦、岩、壑，或类诸物。一种扁薄嵌空，穿眼通透，几若木版以利刃剜刻之状。石理如刷丝，色亦微润，扣之有声。东坡称赏，目之为'壶中九华'，有'百金归买小玲珑之语'。"

　　散兵石，《园冶》中说："'散兵'者，汉张子房楚歌散兵处也，故名。其地在巢湖之南，其石若大若小，形状百类，浮露于山。其色青黑，有如太湖者，有古拙皴纹者，土人采而装出贩卖，维扬好事，专卖其石。有最大巧妙透漏如太湖峰，更佳者，未尝采也。"

　　旧石，《园冶》中说："世之好事，慕闻虚名，钻求旧石。凡石露风则旧，搜土则新，虽有土色，未几雨露，亦成旧矣。"

　　锦川石，《园冶》中说："斯石宜旧。有五色者，有纯绿着，纹如画松皮，高丈余，阔盈尺者贵，丈内者多。近宜兴有石如锦川，其纹眼嵌石子，色亦不佳。旧者纹眼嵌空，色质清润，可以花间树下，插立可观。如理假山，犹类劈峰。"

花石纲，《园冶》中说："宋花石纲，河南所属，边近山东，随处便有，是运之所遗者。其石巧妙者多，缘陆路颇艰，有好事者，少取块石置园中，生色多矣。"

六合石子，《园冶》中说："六合县灵居岩，沙土中及水际，产玛瑙石子，颇细碎。有大如拳、纯白、五色者，有纯五色者。其温润莹彻，择纹彩斑斓取之，铺地如锦。或置涧壑急流水处，自然清目。"

第三节　假山、叠石设计案例图解

一、假山石的设计

假山的施工图设计包括：假山石的初步地形设计、平面设计、立面设计、剖面设计、基础平面设计等。假山石的放线网格最小以 1m×1m 为单元格的放线网格。山脚线设计自由曲线的形式布置避免直线的拐折。山脚的设计随弯就势较为自然。无论山脚如何凸出和凹进去，整体的山势也要随行，才能保证山体的稳定性。转折、错落、续断、延伸、环抱、平衡六个变化手法造型假山，以保证假山的平衡。

假山的立面设计中态势首先要心里有盘算，在整体的态势之下进行立面的变化。可以运用色彩的感觉突出深浅的变化立体假山，高低的错落变化假山，或是深入的用藏与露的方式升华假山。

同时假山还可以利用周边的配景增加效果，最多用的就是植物。山石树不分离的组合方式，经过反复的立面修改，最终达到假山石的多立面、多角度的完美设计。

造型定样之后就是工程结构的合理化设计，一般分为基础、山体和山顶。低矮的山石可以在平地修整之后直接堆砌。也有较大型的山石用混凝土做基础防止下陷。一般来说 3m 以上的山石最好用混凝土基础或者石块砌筑的基础较为合适。体量适中的还可以用灰土基础和桩基基础。

现代园林中假山层叠石头多用千层石、页岩、山皮石等纹理横向利用构图横向设计的山石作品，如图 6-9 所示。

图 6-9　横叠的假山石

二、假山石的施工

假山石的施工步骤分为放线—平整—拍底—立基—夯实—弹线—拉底—垫填—灌浆—中层垫填—收顶—勾缝—清扫—冲洗—回填夯实—清理。

我们再以西安韦曲南长安售楼处为例,快速反应的时代。时间紧任务重,设计师在现场的一处绿化地的角隅的地方进行了现场设计,并且是一处对景。选择山石的方法主要有看质量、看颜色、看纹理、看姿态。可供选择的石品是浑圆的河石,较为圆滑,想要做出更多变化就较难了。首先是草草手稿(见图6-10),从局部入手的堆砌关系考量,形成一处内凹式的空间。因为是在绿地的端头,考虑配合植物的必要性形成了手稿石组与植栽的立面构图大样,如图6-11所示。这时在施工现场已经对运来的石料进行了简单的堆砌,设计师开始相石,由于长短差别不突出,只能从形态入手(见图6-12)。大致用河石堆叠了一个围合需要的空间(见图6-13),这个垫填步骤就叫作垫刹、填馅。工人师傅此时不用机械化操作了,而是走到石头边人工调整,再走到远处看看(见图6-14),最后到道路的远端,回头看看植物与石头之间的整体关系,或是再做需要的调整直到满意为止(见图6-15)。

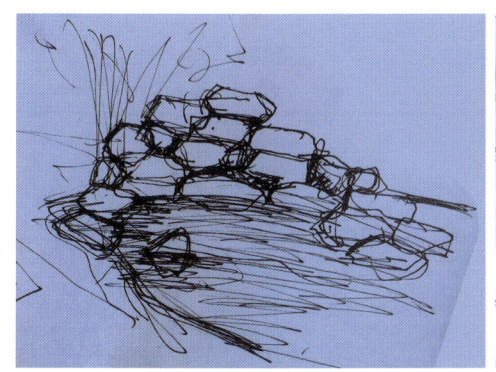

图 6-10 手稿局部　　　　　　　　　　图 6-11 手稿配合植栽

图 6-12 相石　　　　　　　　　　　　图 6-13 垫填

 图 6-14 收顶

 图 6-15 远观配置

参 考 文 献

[1] 李允鉌. 华夏意匠：中国古典建筑设计原理分析 [M]. 2版. 天津：天津大学出版社，2014.

[2] 周维权. 中国古典园林史 [M]. 3版. 北京：清华大学出版社，2008.

[3] 彭一刚. 中国古典园林分析 [M]. 北京：中国建筑工业出版社,1986.

[4] 卜复鸣《园冶》与晚明苏州园林假山的实证研究 [J]. 建材世界，2014(3)：163~168.

[5] 中国城市建设研究院有限公司，中国建筑设计院有限公司，中国建筑标准设计院有限公司.15J012-1 环境景观—室外工程细部构造 [K]. 北京：中国计划出版社，2016.

[6] 宫红霞. 杭州西湖风景区景桥发展研究 [D]. 杭州：浙江大学，2015.

[7] 朱伟强. 中西方桥梁景观美学的历史研究 [J]. 城市建设理论研究（电子版），2015（23）：2897.

[8] 周舜尧. 试论轴线在中西方帝王园林中的应用 [D]. 武汉：华中农业大学，2007.

[9] 钱宾. 浅谈园林设计中的桥梁景观 [J]. 城市建设理论研究（电子版），2013（4）.

[10] 韩良顺. 山石韩叠山技艺 [M]. 北京：中国建筑工业出版社，2010.